PROGRAMME

DE

MORPHOLOGIE

Paris. — Imprimerie de L. MARTINET, rue Mignon, 2.

PROGRAMME

DE

MORPHOLOGIE

CONTENANT

UNE CLASSIFICATION NOUVELLE

DES MAMMIFÈRES

PAR

L. A. SEGOND

Agrégé de la Faculté de médecine de Paris.

⊰⊱

PARIS

VICTOR MASSON ET FILS

PLACE DE L'ÉCOLE-DE-MÉDECINE

1862

PROGRAMME

DE

MORPHOLOGIE

I

A la fin du siècle dernier, pendant que Bichat fondait la *théorie de la structure*, quelques biologistes, dont Gœthe, en Allemagne, et Geoffroy Saint-Hilaire, en France, peuvent être considérés comme les chefs, ébauchèrent, sous le nom de *philosophie anatomique*, les principales questions de *morphologie* que la seconde partie de l'anatomie générale doit résoudre, afin de préparer la *notion d'organisme* qui doit résulter d'un dernier ordre d'études sur les relations qui lient les organes dans un appareil, et sur l'harmonie des appareils dans un être vivant.

Le génie du fondateur fit rapidement le succès de la première partie. Bichat ne résolut pas seulement les problèmes relatifs à la structure ; le grand ouvrage par lequel il inaugura le xix° siècle, renfermait le programme de la science des êtres vivants; et la détermination énergique qu'il prit entre Stahl et Boerhaave, sous le patronage d'Aristote, de Buffon, de Morgagni, de Haller, de Bordeu et de tous les médecins dont les écrits étaient dans le sens de ce dernier (1), lui assura le titre incontestable de fonda-teur de la biologie.

Bichat, par le grand développement de ses facultés phi-losophiques, par son jugement comme observateur, par son habileté dans l'expérimentation, résumait en quelque sorte Buffon, Daubenton et Spallanzani. L'anatomiste et le vivisec-teur furent largement continués et développés, le philosophe le fut un peu moins ; cependant les bases de la première par-tie de l'anatomie générale étaient si bien établies, que l'on vit toutes les questions sur la structure prendre en anato-mie normale et pathologique une grande netteté. Le perfec-tionnement des instruments d'observation vint encore donner à ses études un nouvel essor. Le microscope, en particulier, entraînant après ses illusions et ses réalités un grand nombre d'observateurs nouveaux, permit de com-pléter cette première partie par une analyse plus précise des éléments et des tissus, et aujourd'hui, tandis que quelques observateurs poursuivent encore dans l'histogénie les der-nières inconnues de la structure, on peut considérer cette première grande théorie comme ayant un caractère vrai-ment philosophique. Un moment les observateurs éblouis

(1) Préface des deux premières éditions des *Recherches physiologiques sur la vie et la mort*.

subordonnèrent les principes aux procédés d'investigation. Mais aujourd'hui, les plus habiles micrographes sont bien persuadés que les principes du fondateur doivent régler toutes ces observations souvent plus spéciales que celles de l'anatomie descriptive elle-même, et qu'il faut se replacer sous la tradition acceptée par Bichat lui-même. Je crois en avoir donné l'exemple dans mon premier volume d'anatomie générale qui contient la première théorie complète sur la structure d'après la considération des degrés distincts offerts par les substances organiques, les éléments, les tissus, les membranes et les parenchymes. Quelle a été pendant ce temps la destinée de la morphologie ? c'est ce que je vais essayer d'esquisser en peu de mots. En indiquant d'abord les problèmes qui s'y rattachent, il me sera facile ensuite d'en étudier l'essor spontané.

Dès 1854, dans l'introduction à ma théorie de la structure, j'ai établi que l'anatomie générale comprend l'étude abstraite de toutes les questions que l'on envisage en anatomie descriptive à propos de chaque organe, à savoir, la situation, la forme, la connexion, le rapport, la structure. Dans l'ordre de généralité les principes sur la structure ont dû précéder ceux qui éclairent l'étude de la forme, tandis que ceux-ci seront suivis de la théorie de l'organisme ou de l'unité. Les lois de la structure embrassent tous les faits relatifs aux principes immédiats, aux éléments, aux tissus, aux membranes et aux parenchymes; on peut, d'après le degré le plus net qu'on y envisage, les comprendre sous la dénomination d'*histologie*.

Les lois de la forme, outre le sujet important de la
configuration, embrassent tout ce qui se rapporte aux parties similaires, la situation, les connexions, les rapports;
elles constituent la *morphologie*.

Enfin, l'étude des organes dans un appareil et des appareils dans un être vivant, inséparable de la question
d'usage, permettra d'établir les lois de l'unité biologique,
sujet propre de la troisième partie, que nous appellerons
théorie de l'organisme. Ces trois parties de l'anatomie générale étant aujourd'hui bien reconnues, et la première,
sauf des développements spéciaux, pouvant être considérée
comme achevée, il importe de constituer d'une manière
décisive la partie morphologique.

Cette seconde partie de l'anatomie générale ou abstraite
dans ses conceptions les plus élémentaires, alors que sa
méthode est imparfaite et que l'induction n'y trace pas la
route, étudie l'aspect extérieur des corps, puis la configuration des parties qui les composent. Devenue philosophique, elle compare ces formes, et au milieu de leur
grande variété cherche à découvrir le plan de la nature.
En d'autres termes, la morphologie a une phase prépara-
toire dans laquelle on est surtout frappé par les caractères
spécifiques qui distinguent les minéraux, les végétaux, les
animaux; puis, à mesure que les moyens d'investigation se
perfectionnent, on recherche dans la structure même des
corps la raison de leur forme, et dans cette seconde phase
plus décisive, mais beaucoup plus laborieuse que la première, l'observateur, ébloui par mille formes nouvelles,

s'aide de tous les artifices que lui suggère son esprit pour grouper et classer tous les faits nouveaux qui semblent avoir chacun un intérêt spécial. Jusque-là il est dominé par la nature et ne saisit que des caractères différentiels et des ressemblances vagues; mais du moment que, par induction, il arrive à saisir quelques-uns des traits généraux des formes extérieures et intérieures, la science commence et la morphologie se révèle. L'observation superficielle des corps, l'anatomie descriptive des animaux et des plantes, les classifications artificielles, préparent donc la morphologie; mais la morphologie elle-même n'est conçue que du moment où le génie synthétique découvre les lois de la cristallisation, range les animaux et les végétaux en classes naturelles, découvre le lieu des transformations, des métamorphoses végétales et animales, pose la théorie des analogues et le principe des connexions, prophétise sur les anomalies, et reconstruit, avec quelques pièces squelettiques, des fossiles appartenant à des époques géologiques lointaines.

Dans le plan général d'un traité de morphologie, on voit donc qu'il faudra spéculer sur la forme des corps, en indiquant sous ce rapport leur véritable hiérarchie. Les plus simples sont délimités par des surfaces géométriques; d'autres, plus compliqués, sont formés de parties d'abord diffuses, puis dans les êtres plus parfaits, disposées symétriquement, tantôt par rapport à un point, tantôt par rapport à un axe, et dans les cas les plus complexes par rapport à un plan. La morphologie proprement dite, laissant à la chimie le développement complet des lois de la cristallisation, doit aborder ensuite l'étude comparée des formes extérieures des végétaux et des animaux, et rechercher si le plan de l'organisation est toujours le même, ou s'il y a pluralité de types; d'où la nécessité de pénétrer dans la composition intérieure des êtres vivants, et d'y rechercher, d'après une méthode appropriée, les lois de la modification des formes intérieures, afin de déterminer, dans un dernier ordre de recherches, la relation directe qu'il y a entre la forme extérieure et les organes intérieurs, et jeter ainsi les bases définitives de la classification des animaux, dans laquelle on peut dire que la morphologie se juge et se formule.

Au début de ce travail, j'ai placé la morphologie sous le patronage de Gœthe et de Geoffroy Saint-Hilaire, en raison de la très haute portée des questions qu'ils abordèrent. Mais avant de préciser la nature de leurs travaux, je dois faire ressortir les principales difficultés que l'esprit humain avait à résoudre dans cette nouvelle théorie. J'insisterai d'abord, relativement à l'observation directe, sur une qualité individuelle que chacun a pu noter, et qui me paraît utile à signaler dans un sujet où l'observateur a besoin non-seulement d'une conception prompte, mais encore d'un exercice très soutenu de la contemplation concrète.

II

La majorité des intelligences est susceptible de conserver l'impression très nette des phénomènes physiques et
chimiques. A ne considérer que la forme des corps, chacun sait que la géométrie plane est accessible à tout le
monde, tandis que la géométrie dans l'espace présente à
l'esprit des difficultés inattendues. Si pour des figures aussi
bien déterminées que des polyèdres, l'intelligence a besoin
d'un certain effort pour la représentation abstraite, on doit
prévoir que pour apprécier les formes supérieures de l'animalité, il faudra plus que de l'intelligence et de l'attention.

Nous voyons en effet dans les arts de la forme ; à côté
de la faculté esthétique qui fait les grands artistes, combien il faut exercer l'œil à l'appréciation de la forme, et
pour beaucoup d'artistes éminents, les études les mieux
soutenues ne peuvent dispenser, au moment de l'exécution,

de la présence d'un modèle qui doit toujours, à un certain degré, mettre des entraves à l'idéalisation. Cette difficulté de représentation abstraite des images explique la juste admiration qu'excite un tableau dans lequel, outre le mérite artistique, nous rencontrons une grande correction dans le trait, le relief et la couleur. Quelle harmonie cérébrale ne faut-il pas, en effet, pour atteindre un but si difficile et si élevé ; pour contenter à la fois l'esprit par la pureté de la représentation, et le cœur par le sentiment du beau ! Chez l'artiste, la contemplation directe est donc une difficulté sérieuse dont il ne triomphe que par un travail opiniâtre. Le paysagiste Potter a été déclaré un maître inimitable ! Ses représentations de la nature ne sont que des copies, mais elles sont sublimes de vérité. On peut en dire autant de Karl Dujardin, qui dans son genre a été comparé à Raphaël, dont la grande supériorité tient précisément à ce qu'il a su réunir la plus parfaite correction dans les formes avec la plus grande élévation dans le sentiment. Dans Teniers, Ostade, Rembrandt, dans l'école flamande, on peut voir jusqu'où peut atteindre le sentiment sans la correction, dans les formes ; mais pour en sentir les inconvénients, il faut contempler les chefs-d'œuvre de la peinture au xv⁰ siècle.

Le savant exercé à l'analyse dans l'étude de la nature a donc besoin, à un certain degré, de ce coup d'œil synthétique qui discerne dans la forme le caractère et la physionomie des êtres ; sans cette qualité, il verrait ses facultés théoriques échouer, dans toute grande coordination.

Si Buffon ne nous avait pas convaincus qu'un grand naturaliste est ordinairement un génie synthétique, nous serions plus étonnés de rencontrer, parmi les fondateurs de la morphologie, l'auteur de *Faust* et d'apprendre qu'il fut initié lui-même à la botanique par les leçons caractéristiques de J. J. Rousseau. D'ailleurs Alexandre de Humboldt a popularisé cette vérité par le dessin qui sert de frontispice à sa *Géographie des plantes* : ce dessin, inspiré par les travaux de Gœthe, représente la Poésie soulevant le voile de la Nature.

Pour convaincre les esprits trop spéciaux sur la portée des idées générales qui sont aussi bien l'apanage des artistes que des philosophes, je rappellerai encore que les premières idées positives en paléontologie sont dues à Léonard de Vinci, et que plus tard les mêmes idées, énoncées par Bernard de Palissy, trouvèrent un contradicteur rétrograde dans l'anatomiste Fallope.

Je n'en dirai pas davantage sur cette faculté d'appréciation synthétique de la forme, indispensable en histoire naturelle et bien différente de l'observation analytique qui domine dans les travaux purement scientifiques.

Il suffira que ces réflexions persuadent les savants qu'on ne saurait mieux se préparer à l'étude de la nature, et surtout de la morphologie, que par l'exercice systématique du sens de la forme, développé à la manière des artistes, c'est-à-dire en cherchant à s'impressionner de l'ensemble autant qu'ils s'étaient appliqués jusque-là à distinguer le détail.

. Après cette première difficulté commune à la morphologie et aux arts de la forme, j'arrive à considérer celle que l'on rencontre dans les sciences, et qui est ici plus intense que dans aucun genre d'études cosmologiques. C'est, d'un côté, le besoin d'une méthode pour bien observer, et de l'autre, la nécessité d'avoir fait un grand nombre d'observations avant d'instituer une bonne méthode. Dans tous les genres d'investigation on voit l'esprit humain sous l'influence des doctrines, soit arbitraires, soit métaphysiques, se traîner péniblement de siècle en siècle à la recherche de la vérité, jusqu'au moment où, brisant ses idoles, il s'engage résolûment et sans guide dans le champ de l'expérience, en attendant que la synthèse positive vienne le relever de ses labeurs et lui découvre la voie sacrée.

. A la fin du siècle dernier, la morphologie touchait précisément à l'une de ces crises longuement préparées, dans laquelle une nouvelle méthode vient tout à coup féconder toutes les recherches. Linné et Buffon terminaient leur carrière par l'abandon des idées absolues sur l'immutabilité du type. Il ne fallait plus atteindre qu'une suffisante relativité dans l'appréciation des formes intérieures. La zootomie n'avait abouti jusque-là, faute de doctrines, qu'à une accumulation de faits ; il fallait encore dans un suprême effort, par la simple considération des parties similaires dans un même type, s'élever à une généralisation comparable à celle de Bichat pour les tissus, et dévoiler l'homologie au milieu des formes les plus incompréhensibles : ce fut là le principal mérite de Gœthé et de 'Geoffroy Saint-Hilaire et de ceux qui les suivirent; et comme la notion relative d'espèce était subordonnée à la notion d'homologie, c'est à l'anatomie philosophique que revinrent tous les honneurs de la fondation de la morphologie. Après les disputes mémorables qu'elle excita entre les esprits spéciaux et les esprits théoriques, on doit s'étonner que la majeure partie des observateurs se soit reportée sur les compléments de la théorie de la structure, tandis que, proportionnellement, un petit nombre se consacra à la démonstration de l'unité de composition. On s'expliquera peut-être cet abandon par les écarts qui résultèrent de l'application de ces nouveaux principes. Pour la notion d'espèce, on en vint jusqu'à établir que tous les êtres pouvaient être conçus au moyen d'un progéniteur commun; et dans le champ des analogies, l'attrait synthétique et un besoin démesuré de généralisation conduisirent à des constructions idéales d'après lesquelles tous les animaux se trouvaient construits sur le même patron.

Ces exagérations regrettables tiennent toujours à ce que les esprits coordinateurs ne prennent pas assez en considération la complexité des phénomènes qu'ils étudient. Un sentiment plus net de la hiérarchie scientifique nous montre que l'horizon des points de vue est d'autant moins étendu, qu'on étudie des phénomènes plus relatifs. Je ne conteste pas que dans les spéculations générales sur la nature, il soit utile d'avoir des formules très simples pour la conception des êtres; mais lorsque les formules sont

appliquées à l'observation concrète, elles y développent un
défaut de précision très fâcheux dans les sciences. N'ou-
blions pas cependant que les exagérations dont nous parlons sont pleinement excusées par les conditions qui les
suscitèrent, et que l'erreur que nous condamnons aujour-
d'hui, nous l'admirons hautement dans le passé. Grâce à
ces écarts mémorables, nous voyons la morphologie purgée
de la notion absolue sur l'espèce et sur les formes des
parties similaires, et l'anatomie comparée est enfin dirigée
par deux principes essentiels :

*La forme des êtres peut varier dans une certaine mesure,
tandis que leur essence reste la même.*

*La forme des parties similaires peut changer, tandis
qu'elles restent homologues.*

Tels sont les deux grands résultats philosophiques sans
lesquels l'établissement de la morphologie était impossible,
mais dans lesquels il faut éliminer une trop grande généralité, sous peine de tomber dans les inconvénients des doctrines absolues. Ce n'est pas tout. Pour aborder sainement
l'étude de la morphologie, il ne fallait pas seulement que
le génie synthétique fît une induction hardie sur l'analogie
des êtres vivants, il fallait encore une méthode pour la
suivre dans tous ses développements, et cette méthode,
sinon complète au moins dans ses parties fondamentales, est
le fruit de l'anatomie philosophique, dont l'histoire nous
en présente l'application à toutes les parties de la biologie,
sans que néanmoins le domaine propre de la morphologie
ait été constitué.

La forme dans sa variété incomprise était un obstacle ;
pour l'expliquer, chose singulière, il fallait d'abord l'a-
néantir. Quand une induction est puissante et féconde, il
est bien difficile de ne pas en abuser ; c'est ce qui arrive
dans toutes les grandes synthèses, jusqu'au moment où le
fait se lasse et refuse le joug de la doctrine. La méthode
dont nous parlons n'est cependant pas de celles qu'on dé-
trône, mais elle a besoin d'être balancée par l'adjonction
de principes nouveaux qui en règlent l'emploi.

Pour ne rien précipiter sur les éclaircissements que je
veux donner à cet égard, je commencerai d'abord par un
examen succinct de la doctrine de Gœthe et de Geoffroy
Saint-Hilaire ; il me sera plus facile d'expliquer ensuite
comment on peut aborder la seconde partie de l'anatomie
générale, déjà si bien préparée ; comment l'anatomie comparée peut tout à coup prendre une signification nouvelle,
et ne plus consister en un répertoire stérile de faits spéciaux ; comment nous pourrons enfin rayer de la zoologie
les anomalies et les paradoxes.

Je n'entrerai pas dans une analyse complète des travaux
effectués par la physiologie anatomique, elle est inutile en
ce moment ; à propos de l'étude de chaque système d'organes, il y aura un intérêt direct à faire l'histoire de ces
documents.

Pour éclairer la marche que je dois exposer dans ce
mémoire, il faut simplement interpréter la véritable portée
des idées empruntées aux meilleurs auteurs, et démontrer
deux choses, à savoir, que la notion de la relativité dans les

formes et d'homologie dans les organes n'est qu'une préparation aux études morphologiques, et que la philosophie
anatomique, en poursuivant à l'extrême les notions de métamorphose et d'analogie, a fini par desservir la science et
la dissoudre au profit d'une doctrine qui, à part ses avantages synthétiques, ne saurait plus réagir que vaguement
sur les études concrètes sans l'adjonction de lois nouvelles
qu'il faut redemander à l'observation directe.

III

Gœthe, à tous égards, est l'auteur le plus complet qu'on
rencontre dans la philosophie anatomique : il a embrassé
dans ses théories les végétaux et les animaux; il a saisi
tous les aspects de la théorie des analogues, en nous aver-
tissant même de ses défauts et de ses dangers. Son admirable organisation synthétique lui permit de théoriser,
d'après un petit nombre de faits qui, d'ailleurs, le préoc-
cupèrent une grande partie de sa longue carrière. En 1817,
âgé alors de soixante-huit ans, il écrivait que *les plus
beaux moments de sa vie* étaient ceux qu'il avait consacrés
à l'étude de la métamorphose des plantes. Cette métamorphose, plusieurs l'avaient soupçonnée : Linné l'avait devi-
née ; G. F. Wolf la déduisait du mode de développement;
mais aucun ne devait la démontrer avec la même précision que Gœthe, tout en l'accompagnant de considérations

générales de la plus haute portée. Gœthe, prenant la plante au sortir de la graine, suit l'évolution foliacée des cotylédons, les complications successives de la feuille, l'analogie du pétiole ; reconnaît la différence de l'organisation de la feuille suivant les milieux, source d'erreurs dans la description des espèces, et poursuit cette première formation jusqu'à son plus haut degré de perfection. Il aborde ensuite le passage à l'état de fleurs, et reconnaît les conditions physiologiques qui retardent ou favorisent la floraison. Ces conditions, vérifiées par un grand nombre d'observateurs, ont servi de nos jours à diriger les perfectionnements techniques du plus grand intérêt.

Gœthe explique d'abord la formation du calice, puis celle de la corolle, des étamines, des nectaires, du style et du fruit, en suivant pas à pas les manifestations de cette loi secrète par laquelle un seul et même organe est successivement modifié. Enfin il retrouve le même principe dans le développement des bourgeons et dans la formation des fleurs et des fruits composés. Chemin faisant, Gœthe comprend que sa démonstration arrive à l'identité des différentes parties qui se développent l'une après l'autre dans la plante, malgré les variétés de la forme extérieure, et il voit tout le ravage que sa théorie doit produire dans les classifications basées sur la forme ; son admirable respect scientifique lui arrache la réflexion suivante : « Il serait, je pense, superflu de repousser sérieusement le soupçon que toutes ces remarques soient faites dans l'intention de jeter la confusion au milieu des ordres et des distributions éta-

blis par les observateurs et les classificateurs. » A coup
sûr, personne n'a dû faire cette supposition en lisant l'exposé de cette doctrine dans laquelle Gœthe a porté la
même élévation qu'on remarque dans ses œuvres d'art.
Mais si l'intention n'y est pas, la conclusion ne saurait être
douteuse : l'identité ou l'homologie élevée au-dessus de la
forme l'affaiblit d'abord, puis l'efface et l'annule. Quand
j'aurai examiné à ce même point de vue les idées du grand
poëte sur la zoologie, je citerai une de ses dernières réflexions philosophiques sur la métamorphose; elle com-
plétera la démonstration que j'essaye de donner en ce
moment.

Dans les réflexions de Gœthe sur l'expérience, considérée comme médiatrice entre l'objet et le sujet, on remarque
toutes les qualités d'un grand penseur; il faudrait la transcrire presque en entier, tant elle est condensée dans ses
formules générales. Sa manière de concevoir la nature,
les relations entre l'expérience et la méthode, le sentiment
des rares conditions qu'il faut réunir dans l'étude des
sciences, les défauts qu'on y apporte le plus souvent, font
tour à tour le sujet de ses hautes réflexions, sans qu'il
s'aveugle jamais sur la capacité de l'intelligence humaine,
dont il fut un si rare exemple. En entrant sur le terrain
de la biologie, il signale les inconvénients des travaux
analytiques trop longtemps continués; en zoologie comme
en botanique, ils conduisent à la séparation arbitraire de
ce qu'il faut rapprocher.

En abordant les formes organiques, il reconnaît qu'il n'y

2

a rien de fixe, d'immobile ni d'absolu; que toutes sont entraînées par un mouvement continuel. Cependant il analyse ce mot caractéristique de sa langue, *Gelstat*, par lequel, abstraction faite de la mobilité des parties, on admet que le tout qui résulte de l'assemblage de celles qui se conviennent, porte un caractère invariable et absolu, notion fondamentale en morphologie; il ajoute ensuite d'autres réflexions sur l'idée abstraite de forme.

Dans la conception de l'être vivant il admet la pluralité sous la forme individuelle, idée féconde bien développée par Bichat et démontrée par les travaux modernes de physiologie et de pathologie.

La relation inverse entre la perfection de l'être et la similitude des fonctions si bien sentie par Lamarck, et développée aussi par M. Milne Edwards au point de vue physiologique, est formulée par Gœthe pour l'anatomie. « Plus l'être est imparfait, plus les parties sont semblables et reproduisent l'image de l'ensemble; plus l'être devient parfait, plus les parties sont dissemblables. »

Je montrerai plus tard que la loi de Gœthe en morphologie est aussi féconde que celle de M. Milne Edwards en physiologie.

Toutes les réflexions générales de Gœthe sur l'anatomie comparée ont le même intérêt; il indique ses relations avec l'étude des caractères extérieurs et reconnaît la nécessité d'y appliquer une méthode. L'auteur de la *Métamorphose des plantes* est conséquent avec ses premiers travaux. Il s'agit d'étudier les différents degrés d'analogie

des animaux entre eux et des animaux avec l'homme :
facile ou difficile à saisir, l'analogie existe ; quelle règle,
quels principes faut-il choisir, pour se guider dans ce
labyrinthe? L'homme, à cause de sa perfection, ne peut
servir de point de comparaison aux animaux inférieurs.
Il faut donc procéder de la manière suivante : reconnaitre
les parties communes à tous les animaux, voir en quoi elles
diffèrent, et en déduire par abstraction un type idéal qui
renferme tous les degrés ; les comparaisons deviendront
alors logiques au moyen de ce terme intermédiaire qui ser-
vira toujours de mesure à un rapport quelconque. Gœthe
ne se borne pas à l'indication du type, il en fait l'application. En examinant attentivement l'animal, on voit, dit-il,
que la diversité des formes qui le caractérise provient de ce
que l'une de ses parties devient prédominante sur l'autre ;
une partie ne saurait augmenter de volume qu'aux dépens
d'une autre. La force plastique se joue entre des barrières
qu'elle ne dépasse pas. Tout en reconnaissant ce qu'il y a
de constant, il faut varier ses idées devant les organes variables, et suivre habilement le type dans ses métamorphoses sans laisser échapper ce protée toujours changeant.
Les circonstances de ces variations résultent de l'accommodation de l'organisme aux milieux ambiants. Gœthe en
cite des exemples curieux ; il ébauche les questions si sa-
vamment développées par Lamarck, mais il pose sagement
la question du degré d'accommodation du type et de la
limite des variations que l'on peut attribuer aux milieux ; il
aborde ensuite la comparaison des différentes parties d'un

même organisme et leurs relations générales. Voulant enfin donner un dernier degré de précision à son idéal, il imagine un type ostéologique, et d'après la considération des pièces osseuses dans les différents vertébrés, il en détermine la composition et les divisions.

Une seule chose pourrait rendre l'application de ce type impossible : ce serait que la nature ne fût pas toujours conséquente avec elle-même, mais un coup d'œil rapide sur le règne animal a convaincu Gœthe qu'il existe un dessin primitif, qu'on retrouve toujours au milieu de la diversité des formes.

Cependant notre philosophe reconnaît avec sa sagacité ordinaire que la forme des os n'est pas variable partout au même degré, et qu'il faut déterminer en quoi la nature est variable, en quoi elle est constante ; les variations suivant les âges et suivant les espèces, rien ne lui échappe ; il en est de même des différences dans les soudures, dans les limites, dans le nombre, dans la grandeur, dans la forme ; enfin, il pousse la précision jusqu'à dévoiler un plan très remarquable pour l'étude du squelette et les observations à faire sur chaque partie.

Dans le mémoire écrit l'année suivante (1796), sur les avantages de l'anatomie comparée et les obstacles qui s'opposent à ses progrès, Gœthe revient sur la nécessité d'une construction abstraite, et, posant en principe que tous les vertébrés sont modelés sur un type primitif, il établit la possibilité de figurer un être idéal auquel on rapporterait toutes les formes animales dont cet être serait le résumé. La dernière partie de ce mémoire contient un parallèle des plus hardis entre la métamorphose des insectes et celle des plantes. On connaît les travaux spéciaux d'ostéologie de Gœthe, je les mentionnerai quand je publierai la théorie du squelette. Cependant je ne clôturerai pas cette analyse sans noter une observation spéciale dans laquelle Gœthe fut frappé d'un caractère qu'il se contenta de signaler sans en poursuivre la signification dans l'ensemble des vertébrés : il est relatif à la forme et à la direction des apophyses épineuses dans le mégathérium, le rhinocéros, l'hippopotame, le tapir et le cochon; il retraça ses impressions à cet égard à propos d'une note que Dalton avait placée sur la couverture de la livraison des pachydermes.

D'après les observations de la colonne vertébrale que je présenterai à la fin de ce travail, on comprendra mieux l'importance de la remarque de Gœthe. Je signalerai également une observation sur les rongeurs, faite aussi à propos des squelettes décrits, figurés et comparés par Dalton; elle est relative à cet ordre de considérations qui doit aujourd'hui diriger la zoologie dans les classifications.

— M. Milne Edwards se sert d'une expression qui, dans l'état, ne préjuge rien, et caractérise bien le but qu'on doit se proposer dans ces arrangements. Il faut, dit M. Milne Edwards, ranger les animaux d'après le degré de *parenté zoologique.* Or voici une de ces parentés complexes bien sentie par Gœthe : « Quoique l'organisation des rongeurs flotte dans un champ pour ainsi dire sans bornes, cependant elle est limitée par celle de l'animalité en général, et se rapproche de la structure qu'on observe dans tel ou tel genre d'animaux. Ainsi, d'un côté, les rongeurs touchent aux carnassiers, de l'autre aux ruminants; ils ont même quelques affinités éloignées avec les singes, les chauves-souris et d'autres ordres intermédiaires. »

Dans l'ordre que j'adopterai pour la classification des mammifères d'après les parties fondamentales du squelette, on verra que cette considération de parenté sert de base aux subdivisions des types primaires et à la formation des types secondaires.

Cette courte analyse des opinions principales de Gœthe ne saurait dispenser de la lecture attentive de ses œuvres d'histoire naturelle, rendue si attrayante par l'excellente traduction de M. Martins; on y lira, dans les dernières pages écrites par Gœthe en 1832, un parallèle saisissant entre Buffon et Daubenton, Geoffroy Saint-Hilaire et Cuvier, Camper et Sœmmering. Gœthe y partage son admiration entre la perspicacité et l'attention soutenue de ceux qui poursuivent les variations de la forme dans ses plus petits détails, et l'effort inductif des autres qui ont su concevoir un principe en se reposant avec confiance sur sa démonstration concrète. Si maintenant je cite textuellement la phrase écrite par Gœthe en 1823, en tête des *Problèmes*, j'aurai achevé de caractériser la profonde influence que les idées de ce grand génie ont eue en biologie.

« L'idée de la métamorphose, dit-il, est un don d'en haut, sublime, mais dangereux; elle mène à l'amorphe, détruit, dissout la science. Semblable à la force centrifuge, elle se perdrait à l'infini, si elle n'avait pas un contre-poids : ce contre-poids, c'est le besoin de spécifier, la persistance tenace de tout ce qui est une fois arrivé à la réalité, force centripète à laquelle aucune condition extérieure ne saurait rien changer. »

Cet avertissement solennel de Gœthe renferme le jugement de la théorie des analogues, et provoque une extension nouvelle dans la méthode sans laquelle l'analogie mène fatalement à l'unité de composition. Avant d'exposer en quoi consistera ce complément indispensable, je dois faire une analyse rapide de la doctrine de Geoffroy Saint-Hilaire, dans laquelle l'idée n'est pas moins grande que chez Gœthe, tandis que la démonstration est plus riche. Je m'y bornerai d'ailleurs à l'énoncé des principes généraux, et pour caractériser tout d'abord la nature des travaux effectués par cet autre génie synthétique, je citerai textuellement le passage caractéristique de l'introduction du *Mémoire sur les makis*, composé en 1795, pendant que Gœthe écrivait l'introduction générale à l'anatomie comparée, basée sur l'ostéologie.

« Une vérité constante pour l'homme qui a observé un grand nombre de productions du globe, c'est qu'il existe entre toutes les parties une grande harmonie et des rapports nécessaires ; c'est qu'il semble que la nature s'est renfermée dans de certaines limites, et *n'a formé tous les êtres vivants que sur un plan unique, essentiellement le même dans son principe, mais qu'elle a varié de mille manières dans toutes ses parties accessoires.* Si nous consi-

dérons particulièrement une classe d'animaux, c'est là surtout que son plan nous paraîtra évident; nous trouverons
que les formes diverses sous lesquelles elle s'est plu à faire
exister chaque espèce dérivent toutes les unes des autres.
*Il lui suffit de changer quelques-unes des proportions des
organes, pour les rendre propres à de nouvelles fonctions,
ou pour en étendre ou restreindre les usages.* La poche
osseuse de l'alouate, qui donne à cet animal une voix si
éclatante, et qui est sensible au devant de son cou par une
bosse d'une grosseur si extraordinaire, n'est qu'un renfle-
ment de la base de l'os hyoïde; la bourse des didelphes
femelles, un repli de la peau qui a beaucoup de profon-
deur; la trompe de l'éléphant, un prolongement excessif
de ses narines; la corne du rhinocéros, un amas considérable de poils qui adhèrent entre eux, etc. Ainsi *les formes,*
dans chaque classe d'animaux, quelque variées qu'elles
soient, *résultent toutes d'organes communs à tous :* la
nature se refuse à en employer de nouveaux. Ainsi *toutes
les différences* les plus essentielles qui affectent chaque
famille dépendant d'une même classe, *viennent seulement
d'un autre arrangement, d'une complication, d'une modification enfin de ces mêmes organes.* »

Cette induction hardie servit de programme aux travaux
scientifiques de Geoffroy Saint-Hilaire, la vie de ce biologiste fut consacrée à la démontrer. Dès les premiers pas
dans la recherche des analogies, il reconnaît la nécessité
de tenir compte d'un certain nombre de principes. C'est
d'abord le *principe des connexions,* dont la fécondité en

anatomie comparée est généralement reconnue. L'étude ultérieure de la morphologie le consacrera tout en faisant ressortir son degré de relativité. Il faut sans doute accorder un grand intérêt aux connexions d'un organe pour le déterminer au milieu de la grande variété de ses formes, mais la loi de ces formes elles-mêmes prête un grand secours à l'étude des connexions que l'on doit toujours concevoir comme solidaires avec elles, car la forme des parties détermine le nombre, l'étendue et la nature des connexions. Faute de tenir compte de cette solidarité, on peut négliger un grand nombre de caractères morphologiques importants.

Le second principe, également résulté des premières recherches sur les analogies, est celui du *balancement des organes*. Si une partie prend un développement considérable, c'est aux dépens de celles qui se trouvent dans le voisinage. Cette nouvelle vue, plus relative encore que la précédente, serait la source des interprétations les plus vagues, si on l'appliquait d'une manière absolue. J'aurai plus loin l'occasion d'y revenir ; elle donne d'ailleurs une importance incontestable aux parties rudimentaires qui viennent dans beaucoup de cas témoigner de la permanence du plan général. Dès le mémoire de 1806, *sur la tête osseuse des animaux vertébrés*, on peut lire l'énoncé de ces différentes lois sans lesquelles la comparaison des parties analogues ne peut s'effectuer sur une grande échelle ; on y trouve aussi l'indication formelle de la théorie des *inégalités de développement*, si importante en tératologie et découvrant aussi pour l'anatomie comparée une nouvelle source de rapprochements lumineux, à la condition qu'on apporte dans la vérification de cette loi la même prudence que dans les autres, et qu'on ne pose pas en principe l'exagération absolue d'après laquelle l'embryologie de l'être le plus parfait serait une anatomie comparée transitoire, tandis que le tableau anatomique du règne animal tout entier serait à son tour une longue chaîne d'embryons jalonnés d'espace en espace depuis l'être le plus imparfait jusqu'à l'homme.

Geoffroy Saint-Hilaire, dans la théorie des analogues, a suivi la marche des esprits philosophiques ; doué de cette faculté synthétique, qui chez les uns enfante la poésie, chez les autres de grandes inductions, il avait à peine contemplé l'ensemble de la nature, qu'il en découvrit les principales lois. Son premier essor produisit d'abord une série de recherches particulières : ce furent les mémoires sur la classification des mammifères, sur les orangs, sur les animaux à bourse, sur les prolongements frontaux des ruminants, sur les makis. Plus tard, de 1803 à 1806, il affermit sa méthode dans une série de monographies intéressantes. Son induction hardie ayant alors acquis une maturité plus complète, il la développa largement dans quatre mémoires . le premier sur les nageoires pectorales des poissons ; le second sur leur os furculaire ; le troisième sur leur sternum ; le quatrième, le plus célèbre, sur la tête osseuse chez les vertébrés en général, et en particulier chez les oiseaux.

Dès ce moment la théorie des analogues fut fondée, et

la méthode pour la démontrer était dévoilée sur trois points principaux, le principe des connexions, le balancement des organes et les inégalités de développement. Sur une pente si douce et sans le contre-poids des autres principes qui doivent compléter la méthode, il était bien difficile d'éviter la déduction prématurée de l'*unité du type*.

Ce que Geoffroy Saint-Hilaire développait en 1806 et en 1807 dans des mémoires spéciaux, il le réunit dix ans après en un corps de doctrine, sous la dénomination de *philosophie anatomique*.

Mais il y étendit encore davantage le champ de la comparaison, en appliquant sa méthode à l'étude des anomalies et aux parties les plus spéciales de l'organisation des oiseaux, des reptiles et des poissons.

A un point de vue très général et à titre de formule philosophique, on pouvait dire dès lors avec Geoffroy Saint-Hilaire : *Il y a unité de composition organique pour tous les animaux vertébrés*. Mais l'analogie sans le contrôle rigoureux des observations concrètes ne devait pas s'arrêter là. Savigny et Audouin introduisirent dans l'étude des articulés la méthode féconde de Geoffroy Saint-Hilaire ; les auteurs les plus compétents en reconnurent publiquement les bienfaits. C'est alors que la fougue inductive du maître chercha dans ces nouvelles classes le type des précédents ; et à travers le prisme séduisant de l'analogie, les articulés devinrent des *dermo-vertébrés* qui vivent au dedans de leur colonne vertébrale comme des mollusques au sein de leur coquille ; de plus, leur attitude est inverse de celle des vertébrés : chez ceux-ci la face ventrale du corps est la face inférieure, tandis que chez les articulés c'est l'inverse, le dos est en bas et le ventre en haut; de telle sorte qu'en retournant un vertébré, on le place dans la même situation qu'un articulé, toutes choses enfin prouvant que l'on peut abstraitement faire des rapprochements très utiles entre un vertébré et un articulé, mais concrètement ne pouvan produire aucune illusion.

Dans toutes les sciences il faut se défier des artifices logiques qu'on emploie et les prendre pour ce qu'ils sont. Quoi de plus vrai logiquement que la conception de la série animale? Quoi de plus faux en démonstration! Ne peut-on pas en dire autant de la théorie des analogues, et Geoffroy Saint-Hilaire n'est-il pas tombé, comme Blainville, dans cette confusion regrettable entre l'abstrait et le concret?

J'aurais rendu incomplétement justice à l'auteur de la philosophie anatomique, si je n'ajoutais pas quelques mots sur ses dernières fondations en tératologie et en zoologie générale. Geoffroy Saint-Hilaire avait déjà établi que les monstres n'échappent pas aux lois générales de l'organisation, qu'ils en subissent l'empire et en démontrent l'universalité; de 1824 à 1828, il développa cette doctrine dans une série de mémoires qui donnèrent définitivement à la tératologie un rôle scientifique des plus caractéristiques. Dès le xviie siècle, Harvey avait déjà considéré plusieurs anomalies comme le résultat d'un arrêt de développement de certains organes; Haller, Wolf, Autenrieth, avaient donné quelques aperçus du même genre. Cette doctrine avait été surtout bien développée dès 1822 par Meckel, qui consacra tout un volume de son *Anatomie pathologique* à la comparaison d'un grand nombre d'anomalies avec les divers états transitoires de l'organisation embryonnaire.

Malgré cette importante préparation, Geoffroy Saint-Hilaire, avec sa méthode féconde, put embrasser ce sujet d'une manière plus philosophique ; il adjoignit au principe de l'arrêt de développement la loi d'*union similaire*.

La familiarité que la théorie des analogues avait développée chez lui en anatomie comparée, il la reporte sur l'étude des anomalies ; il reconnaît bientôt que, lorsque deux sujets forment par leur union un monstre complétement ou partiellement double, ces deux sujets sont unis par les faces homologues de leurs corps et par les organes homologues.

De plus, deux sujets anormalement réunis sont entre eux ce que sont l'une à l'autre la moitié droite et la moitié gauche d'un individu normal. Enfin, sous le nom d'*affinité de soi pour soi*, il caractérise à l'état normal et anormal la tendance des parties similaires les unes vers les autres ; de là ces classifications brillantes dans lesquelles Geoffroy Saint-Hilaire a compris le présent et l'avenir de la tératologie. La dernière partie de ses travaux est relative aux plus hautes questions de l'histoire naturelle et la voie large qu'il avait suivie jusqu'alors devait heureusement le conduire au but.

Les lecteurs qui ont parcouru avec soin les *Mémoires de zoologie descriptive* de Geoffroy Saint-Hilaire ont dû être frappés de l'extrême fidélité qu'il a mise à retracer les caractères de chaque espèce; cette rigueur de détails est d'autant plus surprenante, qu'on ne la trouve pas dans les travaux de l'école du *fait*.

Outre que les observations n'ont de l'intérêt qu'autant qu'on y attache un sens, on peut dire, pour expliquer cette opposition, que Geoffroy Saint-Hilaire, sentant comme Gœthe que l'analogie tend à affaiblir l'importance des caractères morphologiques, devait, dans ses descriptions, pousser beaucoup plus loin que les esprits spéciaux la précision des diagnoses. On a eu raison de dire que dans ce genre les monographies de Geoffroy Saint-Hilaire sont des *modèles*. Ces modèles amènent insensiblement les questions de méthode sur leur véritable terrain, qui est intermédiaire entre Buffon et Daubenton, entre Camper et Sœmmering, entre Geoffroy Saint-Hilaire et Cuvier. Ils montreront où s'arrête l'analogie, où commence le fait. En attendant, la classification des animaux devait être peu de chose pour Geoffroy Saint-Hilaire, comme pour Buffon, et c'était l'idéal pour Cuvier. Et je crois en ceci que ce dernier était plus près de la vérité. Il n'en fut pas de même pour les hautes questions sur la fixité des espèces. Notre grand penseur pouvait-il hésiter entre la doctrine des causes finales et la philosophie zoologique de Lamarck, entre les prétentieux confidents de Dieu et les humbles adorateurs de la nature, entre ceux qui disent : L'aigle a des ailes, parce qu'il a reçu en partage l'empire de l'air; le carnassier a des dents et des griffes, parce qu'il a reçu la mission de se nourrir en égorgeant des êtres vivants qui, à leur tour, sont tout juste armés pour attaquer d'autres êtres, mais pas assez pour ne pas être mangés par d'autres, et ainsi du reste; et ceux, moins bien informés, qui disent : L'animal, eu égard aux milieux dans lesquels il vit, met à profit toutes les ressources de son organisation; s'il a des moyens excellents d'adaptation pour vivre sur la terre ou dans l'eau, il y développera librement son activité; s'il est imparfaitement doué, et c'est la majorité des cas, il y sera ou esclave ou victime; enfin si ses imperfections sont trop grandes et que son cerveau soit incapable d'enfanter l'adresse ou la ruse, il s'anéantira, à moins que quelque roi de la nature lui reconnaissant un avantage, ne le protége et ne le cultive à son profit. Hésitera-t-il entre ceux qui déclarent que les mêmes formes se sont perpétuées depuis l'origine des choses, et ceux qui démontrent que les êtres sont incessamment variables? Hésitera-t-il entre le système de la préexistence, de la préformation, de l'emboîtement des germes, et la philosophie positive qui renonce aux problèmes insolubles et cherche modestement la loi de la filiation des espèces? Sachant ce que fut Geoffroy Saint-Hilaire, il est puéril de nous demander le parti que dut prendre ce biologiste éminent; de tels hommes n'hésitent pas entre Pascal et ses adversaires.

Le nom de Lamarck s'est naturellement présenté sous ma plume à propos de la variabilité des espèces; ses importants travaux ont été, comme ceux de Geoffroy Saint-Hilaire, dirigés par une doctrine.

On avait déjà dans le champ métaphysique envisagé les corps vivants d'après des séries plus ou moins imaginaires, l'*échelle dés êtres* de Bonnet avait été conçue sous différentes formes; mais entre ces productions vagues et les notions positives de Lamarck, il y a toute la différence qui sépare une hypothèse arbitraire d'une induction démontrable. Pour comprendre la hardiesse des vues de Lamarck, il ne faut que se représenter les conquêtes modernes de la biologie dans l'étude des métamorphoses et des générations alternantes chez les invertébrés dont Lamarck s'était plus particulièrement occupé. Sans s'exagérer les résultats merveilleux dans lesquels, de stase en stase, nous voyons un individu changer d'espèce, de genre, de classe, nous pouvons dès à présent juger du degré de relativité de la forme et de la nécessité d'y appliquer une étude philosophique. Le travail de M. Broca sur les hybrides est un excellent exemple de la saine critique qu'il faut introduire dans ces études, de la rigueur qu'il faut mettre dans les expériences et de la pleine indépendance cérébrale qu'il faut y apporter.

Après Gœthe et Geoffroy Saint-Hilaire, il y aurait bien des tentatives à signaler et toutes inspirées par les travaux de ces deux philosophes; à mon sens, elles n'ont pas produit de grandes améliorations dans la méthode, mais elles ont singulièrement développé le côté dissolvant de la théorie. L'exemple le plus caractéristique à citer dans ce genre est celui fourni par Carus, et dans lequel ce biologiste a cherché à prouver que toutes les formes squelettiques ne sont que des modifications de la sphère. Le talent logique qu'il a développé dans sa démonstration constitue le principal mérite de cette tentative. Carus considère la sphère comme le symbole de la similitude ou de l'homogénéité parfaite et indifférente ; il en étudie les dérivés, et reconnaît que la forme des os appartient à la catégorie intermédiaire dans laquelle la sphère se modifie de manière à être limitée à la fois par des surfaces planes et par des surfaces courbes ; car ils représentent l'état mitoyen entre le cristal solidifié en permanence et la partie organique molle ; leur forme typique est donc le *dicône*. Carus, particulièrement préoccupé des causes, veut dire *pourquoi* telle ou telle forme est le prototype d'une certaine forme de squelette dans tel ou tel genre d'animaux ; pour cela il envisage la question sous deux points de vue ; il recherche d'abord jusqu'à quel point nous devons reconnaître en général qu'*il y a nécessité* que les formes susceptibles de se produire par la sphère creuse se manifestent réellement ; ensuite quelles sont les causes qui font que c'est précisément l'une ou l'autre de ces formes qui se *réalise dans un espace donné*.

Pour la première recherche, Carus n'éprouve aucune difficulté, car il reconnaît que la *nature est infinie*, et que par conséquent *tout ce qui est possible se réalise* dans un temps ou dans un lieu quelconque. Aussi arrive-t-il sans peine au terme de sa démonstration ; seulement nous qui cherchons la signification des organes, leurs homologies

réelles ou supposées, nous éprouvons un grand embarras
devant un squelette quelconque, car si nous avons recours
au dicône de M. Carus, nous saisissons très bien les rela-
·tions morphologiques des pièces osseuses avec le dicône,
mais nullement les relations des pièces osseuses entre
elles, qui, seules, nous importent. Aussi j'admire, dans le
travail de Carus, une application curieuse de l'organe de
la déduction, et n'y trouve pas pour la morphologie ce
que l'on pouvait espérer d'un biologiste qui a rendu de si
grands services à la science. Il faut même regretter dans
cet ouvrage une subordination fâcheuse des conceptions
biologiques aux notions mathématiques.

Une direction du même genre a servi à l'appréciation de
la forme totale du corps, dans l'ouvrage d'Hay sur la
beauté géométrique du type humain. Mais dans cette dernière démonstration on a fait violence à l'anatomie, et ce
qu'il y a de beau dans les formes des types supérieurs est
précisément ce qui n'est pas géométrique ; au point de
vue d'Hay, il faudrait bien plus admirer un radiaire qu'un
vertébré, et parmi les vertébrés, la forme des poissons
serait plus esthétique que celle des mammifères.

Si le lecteur a suivi avec attention cette analyse rapide
et les réflexions qui la précèdent, si j'ai moi-même évité
la confusion dans un sujet dont l'exposition présente des
difficultés réelles, il doit rester évident que la théorie des
analogues, qui résume en quelque sorte ce qui a été fait,
comprend une induction hardie et une méthode pour
suivre les analogies. Cette méthode, basée sur le principe

des connexions, sur le balancement des organes et les
inégalités de développement, embrasse ce qu'il y a de plus
général pour établir la démonstration, mais ne tient pas
compte de plusieurs autres principes également indispensables; aussi la recherche des analogies a-t-elle de bonne
heure abouti à une déduction prématurée, l'*unité de composition*, non-seulement pour chaque embranchement,
mais pour l'ensemble des animaux, et cette fusion totale
des manifestations morphologiques a été confirmée par
l'institution de types abstraits qui, sous la dénomination
de *type ostéologique*, *construction géométrique*, *vertèbre
idéale*, *typicale*, *archétype*, ont favorisé une généralisation
dans laquelle, comme l'avait prévu Gœthe, la morphologie
a été dissoute et détruite. De sorte qu'aujourd'hui, comme
à l'époque des discussions officielles entre l'école du fait et
l'école de l'idée, il n'y a pas de transaction possible, bien
que l'observation ait très généreusement donné accès à
la généralisation, sans en accepter complétement le programme. Chacun reconnaît, dans l'étude concrète des animaux, des analogies consacrées depuis longtemps par les
poëtes eux-mêmes; mais on reconnait aussi que toutes les
lois promulguées jusqu'à présent par la philosophie anatomique aboutissent à des démonstrations absolues dans lesquelles on méconnaît la complexité du sujet, et où l'on
fausse la nature, après lui avoir témoigné comme toujours
une grande admiration. Toute l'habileté technique de Camper n'a pu faire accepter des rapprochements aussi forcés
que ceux d'une vache et d'un oiseau, ou celui, peu esthé-

tique, d'une femme et d'un cheval; il est même facile de prouver que son parallèle du cheval et du chien est complétement arbitraire, et conduit à des complaisances de crayon qui se transforment bientôt en fautes de dessin; du reste, dans l'art comme dans la science, cette manière de concevoir les animaux comme séparés par des nuances indifférentes tend à affaiblir la saine observation.

Un anatomiste qui superpose l'image d'un cheval, je ne dirai pas sur celle d'un homme, mais seulement sur celle d'un lion, n'a certainement pas observé ces deux animaux en véritable anatomiste, et le peintre qui déduirait trop facilement le type cheval du type lion, dessinerait certainement ces animaux sans conserver leur véritable cachet. Nos principaux lieux publics, à Paris, offrent aux yeux des visiteurs une assez grande quantité de lions à côtes de vaches, sans qu'il soit nécessaire d'encourager une pareille direction. D'ailleurs personne ne nie le lien végétatif qui rapproche les animaux et les plantes, les attributs de mouvement qui lient les animaux les plus inférieurs aux organismes les plus parfaits; mais quand le moment de la coordination est venu, de grandes difficultés se présentent, et jusqu'à présent il a été impossible d'éviter deux fautes également préjudiciables : les uns généralisent trop, les autres spécialisent à l'excès. Les théoriciens encore dans le vague, enlacent les faits dans un réseau trop lâche pour ne pas en laisser échapper un très grand nombre, et les praticiens, exagérant l'importance des divers cas, mettent autant d'ardeur à diviser que les autres en mettaient

à réunir ; puis, comme en définitive l'action immédiate du
concret sert de régulateur général tant que le lien n'est
pas solide, la spécialité est réfractaire à la généralité. La
précision de Sœmmering défie la facilité de Camper ; Daubenton secoue le joug de Buffon ; Cuvier met les rieurs
de son côté, devant Gœthe et Geoffroy Saint-Hilaire, et la
cohorte des dissecteurs vivisecteurs et micrographes prouve
au grand Bichat qu'il fourmille d'erreurs. En anatomie comparée, comme sur tous les points de la biologie, la situation
est la même : d'un côté, le *segment squelettique* est trop
élastique entre son *maximum* et son *minimum*, et de l'autre
les analyses exagérées poussent à des comparaisons d'os
et de dents, et non à la comparaison des squelettes, ou, en
d'autres termes, les théoriciens forcent les analogies et les
praticiens exagèrent le fait. On m'attribuerait justement une
forte dose de prétention, si j'annonçais ici que je suis par-
venu à mettre tout le monde d'accord. Notre siècle offre
malheureusement à tous égards de trop graves exemples
de dissidences pour que toute tentative de pacification radi-
cale passe pour une témérité. Je vais néanmoins indiquer
quels sont les compléments de la théorie des analogues, et
quel est le véritable caractère des nouvelles études concrètes qu'il faut entreprendre sous l'inspiration de la philosophie anatomique pour aborder sainement la morphologie.
De plus, cette seconde partie ayant aussi besoin pour sa
fondation de s'appuyer sur une classification des animaux,
sinon définitive, au moins raisonnable, je dirai comment,
malgré les efforts très estimables en ce genre, la biologie est

encore privée d'un arrangement méthodique qui donne la juste mesure de ses progrès; et tenant compte des travaux les plus estimables sur ce sujet, j'indiquerai quel est le perfectionnement que je propose moi-même pour la classification en général, tout en faisant une application spéciale à l'arrangement des mammifères.

Pour ·atteindre ce but ou pour s'en rapprocher, il me paraît qu'il faut surtout se rappeler l'avertissement donné à la fois par le grand poëte et par le grand biologiste. Doués tous les deux d'un génie synthétique en même temps que d'une grande sagacité dans l'observation : le premier, sous une forme poétique, nous met en garde contre l'analogie qui lui a fourni les vuesles plus larges; le second, sous une forme dogmatique, nous prévient contre la trop grande généralisation dans les phénomènes complexes; en un mot, nous allons reprendre la trace de Geoffroy Saint-Hilaire, en nous éclairant de Gœthe et de Bichat.

IV

Du moment que l'esprit positif est déçu par les doctrines, il n'a qu'un recours, c'est la contemplation de la réalité.

Dans le sujet que j'étudie en ce moment, j'ai exposé tout ce qu'on peut imaginer de plus hardi pour la conception de l'ensemble des êtres, il n'y a donc plus aucun inconvénient à circonscrire les recherches. Les animaux qui attirent le plus notre attention sont ceux qui se rapprochent de l'homme, et dans ces animaux le système d'organes qui se prête immédiatement à nos vérifications est le squelette.

Voyons, en effet, si ce système peut nous permettre de juger la méthode philosophique et de la compléter. Nous avons reconnu dans la théorie des analogues trois principes : le premier sur les connexions, le second sur le balancement des organes, le troisième sur les arrêts de développement;

étudions quel est leur véritable degré de généralité et quel est le contre-poids qui doit en régler l'emploi.

Quand on suit pas à pas les transformations d'un organe ou d'un système d'organes, et qu'au lieu de chercher une formule générale, on observe les faits en eux-mêmes, on ne tarde pas à reconnaître que dans les fluctuations entre le maximum et le minimum de développement, il y a une règle dont il faut bien se pénétrer, c'est le degré de relativité entre les différentes parties d'un organe et entre les organes composant un système; ce degré une fois établi, on peut comprendre la hiérarchie d'après laquelle toutes les parties, comme tous les organes, apparaissent ou disparaissent dans un certain ordre. Cette observation est facile à établir sur le squelette des vertébrés; on y voit d'abord que tout ne change pas au même degré, et que toutes les pièces ne sont pas susceptibles de la même étendue de modifications; de sorte que dans une vertèbre comme dans un squelette il y a une partie fondamentale très peu variable, et des parties ou des organes qui le sont à des degrés variés, mais précis. En un mot, nous retrouvons ici la différence développée dans la méthode de Descartes entre le relatif et l'absolu, et, en nous servant des mêmes expressions, nous pouvons dire que, dans une vertèbre, ce qu'il y a de plus absolu, c'est son corps, et ce qu'il y a de plus relatif, ce sont les parties apophysaires. De même dans un squelette, ce qu'il y a de plus absolu, c'est la colonne vertébrale; ce qu'il y a de plus relatif, ce sont les appendices. Cette règle est applicable à l'étude de tous les organes et de tous les systèmes, elle constitue la véritable base de la subordination des caractères, elle explique aussi la loi de fréquence dans les anomalies ; et si l'on étend ce même principe à l'étude des appareils entre eux, on y trouve la clef des grandes divisions zoologiques. Cette subordination étudiée depuis longtemps pour les cas les plus tranchés révèle une tendance de la nature très manifeste, c'est que dans une série descendante, tout organe, tout système d'organes, tout appareil, tout organisme tend à se simplifier, soit au point de vue du nombre, soit au point de vue de la forme.

En restituant à ces propositions universellement acceptées leur véritable valeur, nous pouvons reprendre la méthode de la philosophie anatomique sans nous égarer. Je commencerai par le principe des connexions. Ayant reconnu que l'organe est plus ou moins compliqué suivant la dignité du type, les connexions seront plus ou moins nombreuses et étendues ; parmi ces connexions, l'une sera fixe, les autres seront variables. Cette variété pourra dépendre d'une condition de nombre comme aussi d'une condition de position relative. Pour le cas d'existence ou de non-existence, il y a évidence ; pour la position, il faut se rappeler que les dispositions relatives des organes sont très variables, bien que les variétés soient maintenues dans des limites déterminées : loi exprimée nettement par Gœthe, et dont j'étudierai plus loin un exemple dans les apophyses transverses des vertébrés. Donc, il y a dans le principe des connexions un côté absolu et un côté relatif.

Si l'on examine de la même manière le balancement des organes, on verra que tout en l'admettant en principe, il arrive un moment où le balancement n'explique plus l'absence complète de certaines parties qu'il est juste de reconnaître sous le plus léger rudiment. J'en dirai autant de l'inégalité de développement qui se reconnaît très bien dans une série naturelle par rapport à un type bien défini, mais incompatible avec les différences caractéristiques qui séparent les types. Ce principe laisse alors dans le vague et ne donne aucune satisfaction aux sens qui veulent bien servir la raison à la condition qu'on leur fait certaines concessions. Il y a, par conséquent, dans le premier principe, quelque chose de variable, et dans les deux autres, de quoi satisfaire uniquement pour les modifications accessoires d'un type bien déterminé.

Du moment qu'une trop grande différence survient dans l'étendue des connexions, du moment que nous voyons certaines pièces disparaître dans les points les plus essentiels d'un système, ou que la forme elle-même prend des caractères différents bien tranchés, nous sommes involontairement conduits à séparer ce que l'analogie avait confondu, tout en conservant l'espérance de les réunir plus tard, lorsque de nouvelles études nous permettront d'entrevoir les intermédiaires sans confusion.

Dès le commencement de cette vérification on voit l'observation directe cheminant librement aboutir au maintien provisoire de plusieurs types, non-seulement multiples dans un embranchement, mais encore dans une même classe, et c'est ce que je vais essayer de prouver pour la plus importante, celle des mammifères.

La continuation de mes travaux d'anatomie générale m'ayant conduit, après l'exposition des lois de la structure, à l'étude des principes généraux de la morphologie, je fus immédiatement forcé de recourir à une classification des animaux capable de me révéler tout d'abord la loi naturelle des transformations organiques. Mais je ne tardai pas à reconnaître qu'en pénétrant dans les subdivisions des différentes classes d'animaux, le rapprochement des espèces était dans beaucoup de cas bien moins déterminé par des raisons fondamentales que par la considération de parties trop modifiables pour établir une parenté réelle entre les familles. Au début de mes études biologiques, en 1841, j'avais subi l'influence irrésistible de l'enseignement systématique de Blainville, en .acceptant d'abord sans restriction et la théorie et la démonstration, je crus aussi bien à la série animale concrète qu'à la série abstraite, et jusqu'au moment où j'ai eu besoin moi-même de trouver une base solide pour l'établissement de la morphologie, j'ai toujours préféré la grande conception de Blainville à tous les essais de l'école spécialiste. Il est aujourd'hui parfaitement évident que cette grande conception de la *série animale* doit être maintenue seulement au point de vue abstrait, et qu'à ce titre, elle assure à Blainville un mérite philosophique incontestable. Quant à la démonstration concrète, elle permet bien l'établissement d'un certain nombre de degrés dans l'animalité ; mais outre qu'elle ne les donne pas tous, on y voit un grand nombre d'espèces qui ne peuvent rigoureusement se placer dans la ligne directe, soit de dégradation, soit de perfectionnement, et constituent, par rapport à la généalogie animale, des sortes de rameaux plutôt que les éléments d'une série linéaire homogène ; et si la paléontologie pouvait tout à coup remettre sous nos yeux les squelettes de toutes les espèces d'animaux qui ont péri plus ou moins promptement, soit par élection naturelle, comme dit Darwin, soit par insuffisance organique, ces ramifications, loin de diminuer, se multiplieraient encore davantage. Il fallait donc renoncer à la démonstration séduisante de Blainville, et recourir aux classifications qui avaient exercé la verve critique de Buffon. En y regardant de plus près, je reconnus bientôt que le parti décisif de ce dernier biologiste masquait, sous un admirable point de vue social, l'impossibilité de découvrir les véritables lois des transformations organiques. Le très grand talent dont il a fait preuve dans la distribution des grands genres linnéens, et particulièrement dans la nomenclature des singes, prouve bien qu'il dut essayer de résoudre ce grand problème.

Malgré les critiques raisonnables qu'il fit des méthodes arbitraires de son époque, le besoin d'une coordination a prévalu, et les efforts successifs des zoologistes modernes ont amélioré successivement ces arrangements méthodiques ; mais jusqu'à présent les différents principes de classifications n'ont pu effacer des cadres zoologiques des rapprochements singuliers que l'étude synthétique de la forme repousse, que le bon sens réprouve et que l'anatomie ne justifie pas.

Blainville, à la faveur de sa grande théorie, produisit dans cette étude de grands perfectionnements par la ténacité qu'il mit à découvrir la dégradation successive des espèces, non plus seulement par la considération des dents et des appendices, mais par la comparaison réelle du squelette entier. Cependant que faut-il penser d'une série dans laquelle, pour arriver de l'homme au lion, qu'il reconnaît comme l'*état parfait du grand genre des carnassiers*, comme le *groupe terme des mammifères onguiculés*, *regardé de tous les temps et chez tous les peuples comme le type de la beauté physique*, il fait passer par le hérisson et la taupe, tandis que du lion au cheval le *summum de la beauté et de l'élégance de la forme essentiellement quadrupède*, il faut franchir le lamentin. Isidore Geoffroy Saint-Hilaire, en profitant des meilleures tentatives, n'a pu échapper à l'ordre hétérogène des pachydermes et à d'autres rapprochements du même genre dans la famille des viverridés. Mais il a introduit dans la classification des mammifères une innovation assez caractéristique. Il y a deux choses à remarquer dans la méthode d'Isidore Geoffroy Saint-Hilaire, d'une part l'institution du classement parallélique, d'autre part un caractère symbolique nouveau servant à former les sousclasses. Dans cette méthode on accepte les caractères fournis par les dents et les appendices pour la formation des ordres et des familles, et dans l'établissement des trois groupes paralléliques on descend plus avant dans la constitution fondamentale du squelette, et au lieu de s'en tenir à la conformation des parties les plus modifiables, on choisit dans le tronc le caractère différentiel des trois sous-classes qui se trouvent distinguées d'après le plus ou moins de complication de la ceinture pelvienne. Bien que le résultat de cette innovation n'ait pas abouti à faire saisir la vraie parenté des différents mammifères, cependant elle constitue un incident caractéristique, en ce sens que la base est bien plus anatomique que zoologique. Nous devons ajouter d'ailleurs que nous n'attachons pas aux classifications paralléliques un très haut degré d'importance, bien que nous reconnaissions quelquefois leur utilité. Faute d'avoir subordonné cette vue à d'autres plus capitales, Isidore Geoffroy Saint-Hilaire a fait lui-même de cette méthode une épreuve fâcheuse, en ce sens que le parallélisme une fois adopté en principe, il l'a développé en prenant pour mesure le degré de carnivorité qui est lui-même très infidèle en zootaxie, quand on ne circonscrit pas son rayon d'action. Je ne ferai pas ici l'histoire des méthodes adoptées depuis Aristote jusqu'à Buffon, et de Buffon jusqu'à nous, on la trouvera dans différents traités et dans plusieurs monographies; j'ai entendu tout récemment à la Sorbonne une exposition des plus judicieuses sur ce sujet, et j'espère pour la science que M. Gratiolet ne tardera pas à publier le résultat de ses grandes connaissances sur les principes de la classification; en attendant ce travail, je dois ici, comme M. Gratiolet, attacher une importance spéciale à une série particulière de travaux dans lesquels, prenant pour guide la grande méthode dont je me servais plus haut, et qui consiste à étudier dans un sujet ce qu'il y a de plus absolu avant d'en étudier le relatif, on a cherché les caractères essentiels des grandes divisions zoologiques dans les différentes phases des métamorphoses embryonnaires. Cette nouvelle direction suivie par Waterhouse, Everard Home, Agassiz, Owen et d'autres, est professée depuis longtemps en France par M. Flourens et M. Milne Edwards. Le mémoire publié en 1844 par ce dernier savant, dans les *Annales des sciences naturelles*, permet de discuter avec précision cette doctrine dont nous acceptons pleinement les résultats en ce qui concerne les grandes divisions, mais qui, je pense, de l'aveu même des auteurs dont nous parlons, doit échouer dans la considération des groupes secondaires. Je ne veux d'ailleurs diminuer en rien le mérite de cette nouvelle méthode, et je vais faire ressortir avec le plus grand soin tout ce que nous lui devons, et j'essayerai ensuite de montrer que là où s'arrêtent les caractères distinctifs fournis par la considération du placenta, de nouveaux moyens d'établir les affinités respectives doivent être demandés non plus à un appareil d'une très haute généralité dans le règne animal, mais à un système d'organes spécial à la grande division qu'on étudie.

M. Flourens et M. Milne Edwards cherchent les véritables affinités naturelles dans les métamorphoses embryonnaires. « Toutes les espèces qui dérivent d'un même type général, dit M. Milne Edwards, se montrent d'abord avec la même constitution apparente; les particularités essentielles du type secondaire se prononcent ensuite, puis celles dont l'importance zoologique est moindre, et ainsi jusqu'à ce que chaque partie de l'organisme ait acquis la forme spécifique. » D'après cette citation, on voit que les caractères essentiels des grandes divisions zoologiques seront fournis par l'histoire embryogénique, tandis que dans le mâle adulte se réaliseront les différences spécifiques. M. Milne Edwards distingue ensuite trois ordres de phénomènes sériaires, les uns *histogéniques*, les autres *organogéniques*, les derniers *zoogéniques*. Il analyse avec netteté les formes qui dérivent d'un arrêt de développement et celles qu'il faut rattacher à un développement récurrent, et sépare les affinités directes des affinités simplement collatérales, et il conclut que dans un embranchement le groupe sera vraiment naturel s'il réunit tous les dérivés d'un même type primaire, et de même chaque division de l'embranchement se composera de tous les dérivés de l'un des types secondaires résultant des modifications fondamentales imprimées au type essentiel. Abordant ensuite l'étude de l'appareil qui révélera le mieux ces différentes sortes d'affinités, M. Milne Edwards rappelle les faits principaux de l'histoire embryonnaire. Dès les premiers phénomènes organogéniques, les embryons de vertébrés se séparent des autres par la formation de la gouttière médiane, ou ligne primitive, qui divise la portion centrale du blastoderme en deux moitiés symétriques. Cette ligne correspond à l'axe nerveux et à la colonne vertébrale. Dès ce moment un animal vertébré diffère donc essentiellement d'un insecte ou d'un mollusque.

Si l'on suit ce vertébré lui-même dans ses métamorphoses
ultérieures, de manière à vérifier la concordance entre la
chronologie des phénomènes génésiques et la hiérarchie
des affinités zoologiques, on voit que deux cas se présentent pour le blastoderme : ou bien la totalité du feuillet ex-
terne concourt à la formation de l'embryon, et celui-ci est
à nu dans la tunique vitelline; ou bien le blastoderme
acquiert un plus grand développement, et tandis que sa
portion centrale entre dans la constitution de l'embryon,
sa portion périphérique concourt à la formation des tuniques qui s'interposent entre le corps de l'animal et son
enveloppe vitelline, d'où la formation de l'allantoïde : ce qui
permet de diviser naturellement les vertébrés en *allantoïdiens*
et *anallantoïdiens*, les premiers comprenant les mammifères, les oiseaux et les reptiles, et les seconds comprenant les batraciens et les poissons, distribution caractéristique qui justifie la correction importante de Blainville,
relative aux batraciens que Cuvier avait à tort confondus
dans la classe des reptiles. Si l'on suit maintenant ces deux
divisions, on voit que le parallélisme dans la marche géné-
sique se maintient quelque temps pour les anallantoïdiens,
mais est très limité pour les allantoïdiens. En effet, chez
les uns il y a disparition de la membrane vitelline dès que
le blastoderme a donné naissance à des tuniques nouvelles; chez les autres, la membrane s'unit à une portion
de ces tuniques propres pour constituer le chorion dont la
surface se couvre bientôt de nombreuses végétations. L'absence ou la présence des villosités à la surface de l'œuf

correspond à deux conditions différentes de l'appareil gé-
nital, elle sépare nettement les mammifères et rapproche les
allantoïdiens vivipares. Jusqu'ici, comme on le voit, la
nouvelle méthode a une sorte d'infaillibilité, elle mesure
même avec rigueur des affinités qui n'étaient établies que
vaguement ; elle permet aussi d'opérer une séparation très
nette des mammifères en monodelphes et didelphes, comme
l'avait bien senti Blainville, distinction qui, outre la considération du placenta, s'appuie encore sur des caractères
très importants tirés du développement des centres nerveux.
Mais là ne s'arrête pas l'emploi fécond de ce procédé.
M. Milne Edwards le poursuit hardiment chez les monodelphes, et suivant que le placenta est *diffus, zonaire* ou
discoïde, il reconnaît trois subdivisions distinctes : dans celle
des monodelphes à placenta diffus sont : les ruminants, les
pachydermes, les édentés et les cétacés ; avec le placenta
zonaire viennent les carnivores et les amphibiens ; enfin
les monodelphes à placenta discoïde sont les bimanes, les
quadrumanes, les chiroptères, les insectivores et les rongeurs, qui forment une suite naturelle bien démontrée par
Blainville, dont M. Milne Edwards fait ressortir les affinités, et au milieu de laquelle l'intercalation des carnassiers,
en rompant les affinités les plus intimes, constituerait la
négation des principes de la méthode naturelle.

Cette analyse très incomplète, qui n'est en quelque sorte
que l'indication des conclusions d'un mémoire dans lequel
la démonstration s'appuie sur une science profonde, est
néanmoins suffisante pour montrer jusqu'où M. Milne Ed-

wards a pu atteindre, et où il y a nécessité de recourir à un nouveau moyen pour poursuivre plus avant cette classification : à mon point de vue, je dois en préciser les résultats en quelques mots. Nous avons vu qu'à l'état d'œuf non fécondé l'analogie peut embrasser l'ensemble des êtres. Mais dès les premières heures qui suivent cette fécondation, l'œuf subit des métamorphoses rapides, par lesquelles l'embryon annonce bientôt son origine et sa destinée. Ces transformations, d'autant plus rapides que les animaux sont plus supérieurs, distinguent bientôt le vertébré des animaux sans vertèbres, puis séparent les premiers en deux catégories : les batraciens ou amphibiens et les poissons, d'une part; les mammifères, les oiseaux et les reptiles, d'autre part. Parmi ces trois classes, à leur tour les mammifères se distinguent des deux autres. Enfin les mammifères eux-mêmes, d'après la présence ou l'absence d'un véritable placenta, se divisent en monodelphes ou didelphes, et, suivant la forme du placenta, les monodelphes se séparent en trois groupes. La considération d'un appareil important, d'une fonction très générale, et dans cette fonction d'un produit même temporaire, conduit nettement, comme on le voit, aux grandes divisions zoologiques, et permet, dans la catégorie des monodelphes, de distinguer trois séries distinctes.

Ce résultat capital est en quelque sorte le point de départ des recherches suivantes, dans lesquelles je poursuis la classification d'après les principes de la méthode dont j'ai déjà parlé en plusieurs endroits de ce mémoire, et en ayant

recours à un système d'organe particulier aux vertébrés.
Le travail si intéressant de M. Martins sur la comparaison
des membres pelviens et thoraciques chez l'homme et les
mammifères, déduit de la torsion de l'humérus, et son ostéologie comparée des articulations du coude et du genou
chez les mammifères, les poissons et les reptiles, permettent
d'apprécier tout ce que l'on doit attendre des études con-
sciencieuses sur le système osseux. C'est également au
squelette osseux, dans sa partie centrale, que j'ai appliqué
les études suivantes.

V

La pluralité des types dans la classe des mammifères résulte de l'étude du développement embryonnaire. En attendant qu'une philosophie rigoureusement fondée nous démontre l'unité de type dans cette classe, nous sommes obligés provisoirement d'en rattacher les formations à plusieurs origines, entre lesquelles on établira peut-être, un jour, une série, mais que pour le moment nous devons considérer comme distinctes. La recherche des différents types de chaque classe me paraît donc le problème le plus immédiatement utile à résoudre. Un système d'organe trop absolu ne pouvant diriger cette recherche, il faut naturellement s'adresser pour les vertébrés à celui qui est propre à cet embranchement. C'est donc le squelette qui, suivant Troxler, est le meilleur et le plus important de tous les indices physiognomoniques qui peuvent nous dévoiler la nature des animaux, que je choisirai pour base de la démonstration suivante. La partie fondamentale du squelette, nous l'avons dit, est la colonne vertébrale, et dans chaque vertèbre c'est le corps. Considérant à la fois la réunion des pièces homologues entre le bassin et la tête, on ne tarde pas à reconnaître chez les mammifères que le point par lequel on peut comparer d'une manière absolue tous les animaux de cette classe correspond aux premiers segments thoraciques. A partir de ce point, soit en allant vers la tête, soit en allant vers les lombes, on voit les pièces homologues se modifier d'autant plus, qu'on approche davantage de la tête ou du bassin.

Si de plus on observe dans chaque vertèbre les parties les plus relatives, on voit leur transformation s'opérer d'après une loi simple et avec la même précision que l'on remarque dans les phases embryogéniques. Avant d'essayer de lire avec rigueur ces transformations, je dois dire que par induction j'avais posé en principe la pluralité des types, et ayant ensuite toujours étudié le squelette dans son ensemble, j'étais arrivé, du simple point de vue morphologique, à distinguer nettement dans les mammifères un certain nombre de formes primaires ; je m'aidai ensuite de l'étude abstraite de la destination du squelette, et lorsque enfin la notion de type concret, résultant des plus parfaites conditions d'équilibre et de mouvement, et réalisée sous la forme la plus belle, eut remplacé chez moi ces types singuliers dans lesquels le nombre des pièces osseuses établissait la priorité de l'animal, je ne tardai pas à reconnaître

ces types distincts par l'observation directe, et je pus les
préciser par des caractères anatomiques dont le degré de
généralité ne laisse rien à désirer.

On désigne sous le nom de squelette la réunion naturelle
ou artificielle des pièces plus ou moins solides qui servent
de support à un animal. Suivant les cas, ce squelette a simplement un rôle statique dans l'équilibre, ou bien il sert
tout à la fois à l'équilibration, à la protection et au mouvement. Un squelette où tout serait configuré pour la mobilité
pourrait être fort imparfait quant à la protection, et réci-
proquement, le luxe protecteur des chéloniens ne saurait
coïncider avec une grande perfection dans le mouvement ;
d'où il résulte que le squelette le plus parfait est celui où
toutes ces conditions sont remplies dans une mesure con-
venable. C'est pour cette raison que le squelette. humain
est vraiment supérieur aux autres, et c'est faute d'avoir
apprécié le squelette à sa véritable destination, que Geoffroy
Saint-Hilaire, très préoccupé de multiplier le nombre des
pièces afin de se ménager dans tous les cas des éléments
de comparaison, a vu dans la face du crocodile le type des
faces.

Cette considération isolée d'un organe devait naturellement conduire à un tel but, tout en éloignant du véritable.
En suivant à la lettre la direction de Geoffroy Saint-Hilaire,
la plus parfaite construction squelettique serait le pire des
squelettes au point de vue de la mobilité et de l'élégance.
La contemplation des animaux, quand elle n'est troublée
par aucun préjugé, nous montre, au-dessus des ruines

fossiles d'animaux trop imparfaits pour résister aux causes de destruction, des masses d'êtres se disputant dans la mesure de leur organisation l'occupation de notre planète; les plus humbles sont fatalement fixés au sol, et malgré le peu de contractilité dont ils sont doués, n'y manifestent que l'existence végétative. Un grand nombre, plus libres, se déplacent, dans un rayon plus ou moins étendu, à la surface de la terre, dans l'air, ou au sein des eaux. Dans chaque milieu, le mieux organisé domine, les plus imparfaits se soumettent; puis, au-dessus des plus nobles, vient l'homme, moins terrible que le lion, moins libre que l'aigle, mais plus intelligent que tous, et dominant partout où ses facultés sociales l'ont associé à l'humanité.

L'homme seul serait, en effet, un triste exemple à donner de la puissance animale, et la naïve composition de Foë révèle assez l'extrême relativité d'une existence isolée, tout en démontrant indirectement qu'on ne saurait apprécier justement l'homme qu'en le rattachant à l'organisme social dont il dépend étroitement. Le seul fait de la domination humaine oblige à accepter l'homme comme l'un des types les plus parfaits, car ses hautes destinées n'ont pas pu s'accomplir sans d'excellentes conditions anatomiques indispensables. Il faut seulement l'étudier sans s'aveugler d'enthousiasme. Du reste, tout en le prenant à certains égards comme mesure générale, il faut reconnaître que pour les études directes sa considération expresse serait pleinement insuffisante. Un anatomiste moderne a pris pour type des mammifères le chat; comme il y a plus d'animaux sur quatre pieds que sur deux, ce type a pu paraître plus général, mais il est tout aussi absolu que si l'on prenait seulement l'homme. Nous l'avons dit, un type unique ne saurait être qu'idéal. Quant aux types réels, ils sont multiples : l'homme est le type des bimanes, le chat dérive d'un type différent, et aucun de ces deux organismes ne peut servir pour mesurer l'ensemble des mammifères, à fortiori l'ensemble des vertébrés.

L'élégance du squelette humain tient autant à sa forme qu'aux proportions relatives de ses différentes parties. La longueur des membres inférieurs, qui disgracie certains quadrupèdes, est ici en harmonie avec les proportions du tronc que ces membres supportent. La forme du pied ; la dimension et l'inclinaison du bassin, sur lequel s'équilibre le tronc pendant la marche ; les courbures de la colonne vertébrale, son couronnement céphalique ; dans ce couronnement la proportion relative du crâne et de la face ; le nombre des côtes et l'arc qu'elles forment ; la configuration de l'épaule et la proportion des membres supérieurs ; tout, dans ce squelette, chez un sujet convenablement choisi, concilie autant que cela est possible l'équilibration de l'être et la protection des parties intérieures avec la grâce et la facilité dans les mouvements. On peut donc, au point de vue statique, dire que l'homme est de tous les animaux celui qui, eu égard à sa masse et à sa mobilité, est équilibré de la manière la plus simple. L'ensemble de sa constitution lui permet la station bipède verticale, qu'il ne faudrait cependant pas considérer chez lui comme parfaite : l'homme qui s'endort debout tombe en avant ; et dans l'état de veille il est difficile de maintenir longtemps la station verticale sans éprouver une grande fatigue. Quand l'organisme est en mouvement, il y a pendant la marche des alternatives de contraction et de repos pour les muscles de la partie postérieure du tronc ; mais dans la station verticale, malgré le secours des aponévroses et des ligaments, l'homme debout éprouve assez promptement une fatigue marquée due à la contraction permanente des muscles de la partie postérieure du tronc et du cou. On voit, d'après cela, la véritable manière d'envisager ce problème ; il ne faut y apporter aucun préjugé, soit pessimiste, soit optimiste. L'homme peut s'équilibrer sur deux pieds mieux qu'aucun animal, et il est évidemment plus commodément établi dans cette position qu'il ne le serait sur les pieds et les mains. L'enfant de cinq à six mois, dont les muscles ne sont pas suffisamment développés et dont la colonne vertébrale n'a pas acquis les courbures convenables, ne peut se tenir debout et marche sur les genoux et les mains ; à dix mois, un léger point d'appui lui permet déjà la locomotion verticale. Quant à la station assise, elle lui est très facile. Elle constitue pendant la veille la station de repos comme chez l'adulte. Les raisonnements imaginés pour nier la destination bipède de l'homme sont le résultat de la complète ignorance des conditions d'équilibre d'un squelette. En comparant l'homme à un quadrupède parfait, on voit combien cette question est nette et facile à résoudre ; on peut même s'y convaincre que ceux qui ont discuté la destination bipède de l'homme

n'ont pas seulement méconnu les vrais caractères du type
humain, mais ignoraient plus complétement encore les conditions de la station quadrupède. En effet, rien ne démontre
mieux l'impossibilité de mettre l'homme sur quatre pieds que
l'étude des animaux qui sont équilibrés de cette manière.

Lorsque je publierai l'ensemble de mes travaux sur les
vertébrés, j'indiquerai avec tous les détails convenables
tout ce qui sert à établir la physionomie particulière à
chaque type; le mémoire actuel étant en quelque sorte le
programme de la morphologie, je dois m'y borner à des
appréciations générales sur les types, et n'insisterai anato-
miquement que sur quelques points fondamentaux relatifs
aux différents degrés de complication des vertébrés dans
les différents types que j'ai reconnus. Avant d'aborder cette
partie descriptive, j'indiquerai de quelle manière je suis
arrivé à l'admission des autres types. Je dois dire que la
première confirmation de mes à priori me fut offerte par le
squelette des cétacés; la simplicité de la forme générale
de ces animaux et les caractères de leurs vertèbres ne permettent pas d'assimiler leur colonne vertébrale, non-seulement à celle de l'homme, mais encore à celle des ruminants.
Je conçus donc un type spécial pour la forme la plus simple
parmi les mammifères, et relative à des êtres dont l'équilibration dans l'eau peut être considérée comme la plus
parfaite parmi les animaux aquatiques, et je choisis le
dauphin comme réalisant le mieux les caractères de ce
type. Le même point de vue qui m'avait éclairé pour le
type humain me fit également considérer les féliens comme

appartenant à un type distinct. Celui que tout le monde a nommé le roi des animaux attira nécessairement mon attention.

Quand on observe directement le squelette d'un lion, sans se préoccuper de ses analogies avec celui des autres vertébrés, et en cherchant seulement à l'apprécier en lui-même, on est frappé par deux caractères qui jettent d'abord quelque trouble dans l'observation, mais qui, soumis à l'analyse, laissent bientôt juger ce qu'il y a de distinctif dans ce squelette : ces deux caractères consistent d'une part dans la forme particulière de toutes les pièces du système, d'autre part dans la proportion relative des différentes parties. En effet, le système osseux du lion est d'une nature très solide, le tissu en est dense et serré ; dans chaque os toutes les parties tendent vers l'état compacte : aussi le modelé en est parfait, les saillies et les enfoncements sont nettement accusés, les arêtes vives, les bords tranchants, les pointes acérées ; de telle sorte que les différentes pièces squelettiques ont une certaine élégance en même temps que beaucoup de solidité. Tandis que l'œil est frappé de la perfection des différentes parties, on ne tarde pas à démêler certains défauts dans l'harmonie générale de ce système. D'abord la colonne vertébrale présente dans chaque région des formes particulières, et la série des modifications d'un segment à un autre offre souvent des interruptions assez marquées, comme on peut s'en convaincre entre les trois premières vertèbres cervicales, entre les dixième, on-zième et douzième dorsales, entre la dernière lombaire et

la première sacrée. Cependant, malgré ce défaut d'homogénéité dans les formes successives des différents segments,
on reconnaît que la légèreté du thorax et le grand développement des lombes communiquent assez de grâce à la conformation générale du torse.

Si l'attention se porte sur la relation entre les parties
centrales et leur support quadrupède, on ne peut s'empê-
cher d'y remarquer un défaut caractéristique dans les proportions relatives. D'abord, dans chaque appendice, les
trois articles sont à peu près égaux en longueur ; puis, en
outre, la grande différence de la longueur totale entre les
antérieurs et les postérieurs, ajoutée au défaut d'harmonie, donne à l'attitude générale de l'animal un défaut de
noblesse qui n'est compensé, chez le lion, que dans les
moments d'activité, lorsqu'il porte le plus fièrement sa
tête, et du moment que ce roi des animaux prend une attitude indifférente, il perd beaucoup de sa majesté.

En effet, la flexion habituelle du tibia sur le fémur et
de l'avant-bras sur le bras, l'affaissement des épaules sur
un plan très inférieur par rapport à l'articulation coxo-
fémorale, et la brièveté du cou qui maintient habituellement
la tête à la même hauteur que la partie la plus élevée de
la colonne vertébrale, sont autant de défauts qui blessent
l'œil dans l'appréciation synthétique d'un système qu'on
ne saurait d'ailleurs trop admirer dans les détails. Malgré
tout, en se représentant la beauté de l'animal vivant, il
faut accepter sa majesté typique. Quelques naturalistes
ont cherché à ternir sa réputation de noblesse ; quoique

la Fontaine ait depuis longtemps établi ses vrais droits, je ferai remarquer que les actes de cruauté du lion tiennent surtout à une très grande méfiance. Chez les animaux les plus *humains*, ce défaut entraîne les mêmes excès.

J'accepte donc le lion comme un type zoologique, et j'en donnerai de plus amples raisons. Un moment, le point de vue social de Buffon m'avait déterminé à lui substituer le chien, qui en dérive morphologiquement ; plus tard même, je ne verrai aucun inconvénient à cette substitution ; il faut même reconnaître que le port de la tête, par suite de la proportion des membres, est en général beaucoup plus digne chez les caniens que chez les féliens. Mais les caractères tirés de la partie centrale du squelette me font renoncer pour le moment à ce changement. Quant au chat, les défauts dans l'attitude dont je parlais plus haut sont exagérés chez lui par suite d'une disproportion relative dans les membres encore plus désavantageuse ; eu égard à la longueur de son tronc, il a, par rapport au lion, les membres postérieurs plus longs et les antérieurs plus courts. Jusqu'à présent, me voilà donc d'accord avec le sentiment spontané : mes deux premiers types sont le roi de la nature et le roi des animaux ; j'ai déjà nommé, pour les mammifères aquatiques, l'animal que depuis longtemps la Fable et la poésie nous ont appris à admirer.

Mais entre le lion et le dauphin n'y a-t-il aucun être qui, en dignité et en élégance, frappe notre admiration ? Chacun répondra à cette question par les pages immortelles du plus grand naturaliste sur *la plus noble conquête de l'homme,* le cheval, *qui partage avec lui les fatigues de la guerre et la gloire des combats....* « Le naturel de ces animaux, dit Buffon, n'est point féroce; ils sont seulement fiers et sauvages; quoique supérieurs par la force à la plupart des autres mammifères, jamais ils ne les attaquent, et s'ils en sont attaqués, les dédaignent, les écartent, ou les écrasent; ils vont aussi par troupe, et se réunissent pour le seul plaisir d'être ensemble, car ils n'ont aucune crainte, mais ils prennent de l'attachement les uns pour les autres.... »

Quand on relit ces belles pages et toutes les productions poétiques inspirées par les qualités de ce principal auxiliaire de l'homme, on éprouve un singulier contraste en jetant les yeux sur les classifications des zoologistes, car notre héros y descend au-dessous des brutes, entre le rhinocéros et le cochon. On voit par là que si les naturalistes ont peu d'égards pour le lion, ils en manquent totalement pour le cheval, et si l'on consultait les gens du monde à cet égard, je crois bien qu'un pareil fait les ramènerait à tout jamais à la classification de Buffon. Je dirai cependant que la vraie science ne peut être dans un pareil désaccord avec le bon sens, et la saine biologie, qui reconnaît un type dans l'homme, le lion et le dauphin, en reconnaît un tout aussi incontestable dans le cheval. Son squelette est encore plus caractéristique que celui du lion; les défauts que nous observions dans ce dernier sont ici remplacés par des qualités : l'homogénéité de la colonne vertébrale, la proportion relative des membres par rapport au tronc et des différents articles du membre entre eux, le port de la tête, tout enfin contribue à faire du cheval un être aussi parfait au point de vue esthétique qu'au point de vue biologique : l'analyse précise de toutes ces qualités mettra plus tard ce fait en pleine lumière.

J'aborde maintenant la description spéciale qui, pour le moment, doit déterminer l'adoption de quatre types pour les monodelphes et de deux pour les didelphes; je passerai ensuite à la dernière difficulté que rencontre la zoologie dans l'analyse des formations qui semblent descendre, non plus directement d'un type, mais d'un mélange souvent complexe dont il est impossible de calculer pour le moment la généalogie, mais que l'anatomie des types primaires permet de caractériser nettement sans le secours des formes anomales et paradoxales.

VI

L'étude attentive des caractères morphologiques de la colonne vertébrale chez les mammifères révèle des caractères différentiels qui confirment les divisions déjà établies par la considération du placenta, et qui les étendent, tout en rattachant ces divisions à des types bien définis au moyen desquels on peut analyser un animal quelconque de cette classe, en le déduisant, soit directement de l'un de ces types, soit par mélange des types entre eux.

Ces caractères s'établissent par les transformations morphologiques des vertèbres, suivies du thorax aux lombes; ils résultent de ce que les mêmes apparences n'ont pas la même source, et faute de l'avoir reconnu, on a donné jusqu'à ce jour un même nom à des parties très différentes au point de vue anatomique.

La partie du squelette par laquelle les différents genres

de mammifères se ressemblent le plus est la portion antérieure du thorax. Les premiers segments thoraciques constituent donc une espèce de centre squelettique à partir duquel les parties sont d'autant plus modifiables qu'on se rapproche davantage de l'extrémité des rayons.

Il existe pour chaque système un centre analogue qui permet de calculer le degré de modification et de spécialisation des parties, et comme les anomalies sont en raison directe de l'étendue des métamorphoses, cette loi générale permet de prévoir, dans chaque système, quels sont les organes les plus sujets aux déviations. J'avais déjà établi cette proposition dans un travail sur l'*intestin*, communiqué à la Société de biologie en 1851. Pour le squelette, les premières vertèbres dorsales seront donc notre point de départ ; le rachis étant examiné du côté de la tête et du côté du bassin, je suivrai d'une vertèbre à l'autre les modifications successives qui surviendront dans la forme et la composition du segment. La série étant plus développée du côté des lombes, c'est principalement entre le thorax et le bassin que se liront les caractères fondamentaux sur lesquels je veux appeler l'attention, tandis que du côté cervical le passage est trop brusque et la modification trop rapide.

Chez l'homme, les vertèbres dorsales et lombaires sont bien connues ; mais l'absence complète de documents comparatifs dans les descriptions de l'homme ne permet jamais d'établir une notion précise sur ce qu'on étudie ; les esprits spéciaux ont même de la répugnance à comparer les organes similaires dans un même organisme, on préfère répéter et recopier éternellement une description faite par un autre que d'examiner avec soin ce qui est, en s'efforçant de le comprendre par toutes les ressources du procédé comparatif qui est le plus fécond et le plus indispensable en biologie.

Je vais décrire ici une de ces parties, bien faciles à regarder, mais qui demande quelque attention pour qu'on la comprenne.

Les vertèbres dorsales portent sur l'anneau une apophyse transverse simple au dos et multiple aux lombes; en l'observant au passage du thorax aux lombes, on se rend bien compte de ce qu'elle devient.

A partir de la dixième dorsale, le tubercule qui termine l'apophyse transverse n'a déjà plus la même forme que dans les segments antérieurs; à la onzième, on voit l'apophyse se raccourcir et son extrémité aplatie présenter trois angles; enfin, à la douzième dorsale, ces trois éléments constituant l'apophyse transverse, se séparent nettement en trois apophyses distinctes. Meckel, en décrivant les caractères généraux des vertèbres, reconnaît quatre apophyses articulaires et trois musculaires, deux transverses et une épineuse; puis, à propos des apophyses transverses des vertèbres lombaires, il remarque que leur base se prolonge ordinairement à la partie postérieure en un petit tubercule appelé *apophyse accessoire*; mais il n'a pas étudié les relations organogéniques de ce *processus* avec les apophyses transverses.

La plupart des anatomistes modernes n'ont pas même pris garde à l'observation spéciale de Meckel. En supposant la douzième vertèbre dorsale dans sa position normale, je distinguerai ces trois apophyses d'après leur situation, en apophyse antérieure, apophyse postérieure et apophyse moyenne (accessoire de Meckel), dont la réunion au dos constitue réellement l'apophyse transverse. Si du thorax on suit la transformation dans les lombes, on voit les trois parties se séparer de plus en plus. L'apophyse postérieure vient surmonter l'apophyse articulaire supérieure; l'antérieure s'étend transversalement par rapport à l'axe pour constituer l'apophyse transverse des auteurs, et la moyenne reste rudimentaire. M. Sappey, dans son *Ostéologie,* ne distingue aux lombes, sous le nom d'*apophyse transverse,* que la partie antérieure : plus tard, dans sa *Myologie,* à propos des attaches du long dorsal, il met toute l'apophyse transverse des dorsales dans l'apophyse postérieure des lombaires.

M. Chauveau, dans la description des vertèbres lombaires chez le chat, commet une erreur inverse en considérant l'apophyse accessoire très développée chez les féliens comme représentant en totalité l'apophyse transverse dorsale. Chez l'homme, M. Sappey se trompe des deux tiers, et chez le chat, M. Chauveau se trompe seulement de la moitié, ainsi que je l'indiquerai plus loin.

L'apophyse transverse aux lombes comprend, chez l'homme, trois choses distinctes, qui sont fusionnées au thorax, et c'est là un de ces exemples qu'il ne faut pas confondre avec ceux sur lesquels l'unité de composition appuie ses démonstrations. Lorsque la théorie des analogues veut nous prouver qu'une pièce se fusionne dans une autre, il faut qu'elle passe d'un type à un autre, et nous refusons de la suivre. Mais ici le cas est différent, nous ne sortons pas de l'organisme que nous étudions, et par des transformations visibles nous sommes autorisés à dire que l'apophyse transverse dans le type humain comprend trois éléments, car en suivant les modifications de cette partie d'un point absolu à un point plus relatif, nous voyons ces trois parties se spécialiser sous des formes évidentes et palpables.

Donc, pour nous, l'apophyse transverse des vertèbres dorsales comprend virtuellement trois choses qui se voient et se touchent à la douzième dorsale, et dont la spécialisation aux lombes donne lieu à trois apophyses dont aucune ne renferme la totalité de l'élément transverse, tandis que leur réunion le représente réellement. Comme caractère typique, il faut également remarquer que les apophyses chez l'adulte dépendent toujours de l'arc de la vertèbre, tandis que le corps est libre de toute expansion en avant et sur les côtés.

Si l'on étudie les mêmes transformations sur une colonne vertébrale de lion, on voit apparaître des caractères parfaitement distincts de ceux que je viens de décrire chez l'homme. Dès la neuvième vertèbre dorsale, l'apophyse transverse présente à considérer trois choses, une facette articulaire en connexion avec celle de la côte correspondante et deux saillies, l'une en avant de la facette, l'autre en arrière ; à la dixième dorsale, ces caractères sont plus tranchés, la facette diminue et les apophyses proéminent davantage ; à la onzième la facette articulaire est réduite au cinquième de ce qu'elle était, tandis que l'apophyse anté-rieure vient surmonter les articulations supérieures des lames, et l'apophyse postérieure, longue de 2 centimètres, dépasse le niveau de la face postérieure du corps de la ver-tèbre ; à la douzième et la treizième dorsale, la facette arti-culaire a disparu, tandis que les deux apophyses, représen-tant l'élément transverse des vertèbres dorsales, ont pris un développement si considérable, que chaque apophyse antérieure débordant de beaucoup le corps de la vertèbre en avant, est reçue dans une vaste échancrure formée en dedans par l'apophyse articulaire et en dehors par l'apo-physe postérieure de la vertèbre placée devant. Ce que j'appelle ici apophyse antérieure et apophyse posté-rieure, sont le dédoublement de l'élément transverse des vertèbres dorsales ; si l'on suit cette transforma-tion aux lombes, elle s'y répète, seulement les deux apophyses vont en diminuant de proportion et la postérieure n'est plus que rudimentaire dans les sixième et septième lombaires. En même temps que ces deux apophyses vont en diminuant, un autre élément transverse qui apparaît dès la première lombaire, va en augmentant dans ses proportions. Ce nouvel élément, qui est l'apophyse transverse des au-teurs, a-t-il quelque chose de commun avec l'élément transverse des vertèbres dorsales ? Non, sans doute, car j'ai montré la transformation entière de cet élément dans les deux apophyses antérieure et postérieure; cette nouvelle apophyse soudée au corps de la vertèbre est de l'ordre des expansions costales et n'a rien de commun avec l'apophyse transverse. Tout observateur qui voudra prendre la peine de lire cette description, et qui, mieux encore, examinera avec attention un grand nombre de squelettes de féliens, sera convaincu de ce que je viens de dire. S'il observe alors cette nouvelle apophyse transverse, sa forme, sa situation par rapport au corps de la vertèbre, sa direction, il sera de plus en plus persuadé que les trois choses que nous avons décrites chez l'homme diffèrent essentiellement de ce que je viens de décrire pour le lion, et que la différence essentielle consiste en ce que, chez l'homme, l'apophyse transverse des vertèbres dorsales se transforme aux lombes en une apophyse postérieure qui surmonte les apophyses articulaires supérieures, en une apophyse antérieure qui est l'apophyse transverse des auteurs, et en une apophyse moyenne rudimentaire qui est l'apophyse accessoire de Meckel; et chez le lion, l'élément transverse des vertèbres dorsales se transforme seulement en deux choses, une apophyse antérieure et une apophyse postérieure, tandis que l'expansion transverse soudée au corps est une expansion qui apparaît sur le segment au moment où les côtes cessent d'apparaître comme distinctes. Si maintenant je passe au cheval, il me sera facile d'y signaler des transformations nouvelles, en même temps qu'un nouveau degré de simplicité.

D'après la marche ci-dessus, si j'observe au thorax la forme des apophyses transverses, je vois qu'à partir de la dixième dorsale la séparation de l'apophyse transverse en deux éléments commence à s'effectuer; cette apophyse s'allonge de dedans en dehors et d'arrière en avant. L'extrémité postérieure s'articule avec la côte correspondante et l'antérieure fait une saillie en avant. A partir de la seizième dorsale, la séparation entre ces deux éléments dont on a pu suivre les nuances, est complète; et à la dix-septième, l'apophyse antérieure surmonte l'apophyse articulaire correspondante dont les connexions se trouvent alors développées; à la dix-huitième, cette disposition est encore plus nette; puis, dès la première vertèbre lombaire, l'extrémité qui s'articule avec la côte se prolonge transversalement en une lame aplatie de haut en bas et disposée horizontalement; d'où il résulte que nous n'avons plus ici à considérer que deux choses, une apophyse antérieure qui double en dehors l'apophyse articulaire antérieure de la vertèbre, et un prolongement transverse. Quant à l'apophyse postérieure que nous avons décrite chez le lion, elle est ici complétement absente; l'apophyse transverse donne bien lieu à deux choses, mais l'apophyse postérieure qui chez le lion abandonne la côte dans les dernières dorsales, conserve ici la même connexion tant que les côtes libres existent; et, au moment où elles cessent, cette partie articulaire se prolonge en un élément transverse, seulement il faut concevoir que cet élément transverse, vu son développement, peut être considéré comme renforcé par l'adjonction d'une expansion analogue aux côtes ; mais tandis que chez le lion cette nouvelle expansion se soude au corps sans entrer en connexion directe avec l'apophyse postérieure qui se dirige directement en arrière, ici au contraire cette partie postérieure reste sur les côtés de l'anneau et se fusionne avec l'expansion costale surajoutée, de sorte qu'il en résulte morphologiquement et sous le rapport des connexions, une disposition aussi caractéristique que celle du lion et entièrement différente.

Le squelette du cerf fournit une bonne démonstration sur la partie la plus difficile à saisir : à la dernière dorsale la côte n'est pas articulée avec l'élément transverse, et celui-ci forme alors une expansion latérale dans laquelle il n'y a aucune adjonction costale, puisque celle-ci est distincte dans le segment. Du reste, cela se voit très bien aussi sur le squelette de l'antilope chevaline et sur celui de la girafe. Sur les squelettes des buffles et des bœufs on peut distinguer assez bien dans l'expansion transverse, aux lombes, ce qui dérive de l'apophyse transverse dorsale et ce qui peut être considéré comme une adjonction costale ; la soudure des deux parties se fait en produisant un angle ouvert en avant. Le lecteur que cette description intéresse, n'a qu'à jeter les yeux sur les squelettes de nos collections et vérifier ce que j'avance sur un grand nombre d'animaux ; tous les développements et les dessins que je pourrais introduire dans ce mémoire n'ajouteraient rien à une observation qui peut être répétée avec une très grande facilité, du moment que l'attention a été suffisamment attirée sur ce sujet.

Je termine actuellement ces descriptions par la colonne vertébrale du dauphin.

Le squelette du dauphin, que l'on peut prendre comme type des cétacés vrais et des formations qui en dérivent, présente au plus haut degré cette physionomie spéciale qui ne permet pas de confondre un type avec un autre ; la forme générale, autant que la forme des parties, est caractéristique, et l'ensemble présente une grande homogénéité en même temps qu'une conformation plus simple. Chez les êtres imparfaits, comme l'a observé Gœthe, la similitude des parties entraîne nécessairement l'homogénéité ; mais chez les mammifères cette qualité peut coïncider avec l'extrême complexité de l'être, et nous avons vu que sous ce rapport, l'homme et le cheval en fournissent deux exemples remarquables. Chez les cétacés il est évident que l'homogénéité du squelette tient à un degré déjà assez marqué de similitude entre les segments, et la forme totale de la moitié postérieure du rachis tend même à la double symétrie qu'on retrouve chez les poissons.

Je me bornerai pour le moment, comme dans les types précédents, à la description de quelques-unes des parties fondamentales du squelette.

Dans les premiers segments thoraciques on retrouve les caractères généraux des monodelphes, mais en suivant leurs transformations du côté des lombes, on voit bientôt se produire des caractères nouveaux. A partir des septième et huitième vertèbres dorsales, l'apophyse transverse tend à constituer le commencement de l'arc costal,

et celui-ci n'a de connexion directe avec le corps des vertèbres que dans les premiers segments thoraciques, tandis
que dans les suivants la côte, à partir de la tubérosité,
présente au-dessous de l'apophyse transverse, avec laquelle
elle est en connexion, un prolongement accessoire dont
l'extrémité s'articule avec le bord postérieur de l'anneau de
la vertèbre placée devant; à partir de la septième dorsale,
ce prolongement osseux disparaît, et la tubérosité représentant alors la tête de la côte s'articule à l'extrémité de
l'apophyse transverse. Celle-ci présente à son tour des caractères spéciaux. Au niveau de la cinquième dorsale, on
remarque déjà en avant de la partie articulaire un prolongement en pointe qui devient de plus en plus saillant, à
mesure qu'on descend vers les lombes et qui se rapproche
de plus en plus de l'apophyse articulaire supérieure. En
même temps que cet élément opère sa séparation et son
déplacement en arrière, le reste de l'apophyse se fusionne dans une expansion latérale du corps qui devient
de plus en plus importante dans les six derniers segments
thoraciques, et en même temps que cette expansion se dé-
veloppe, elle tend à se séparer de l'élément transverse
qu'elle finit par remplacer totalement. Aussi, à la dernière
dorsale, l'expansion transverse soudée au corps de la vertèbre est parfaitement distincte, et nous ne retrouvons
plus sur l'arc que le prolongement dont j'ai étudié tout à
l'heure la transformation, et qui vient faire entre l'arc et
l'apophyse épineuse une saillie terminée en pointe en
avant.

Enfin, dès le commencement des lombes, l'intervalle compris entre les arcs augmente, les apophyses articulaires disparaissent, et vers la huitième lombaire le dernier vestige des apophyses transverses fait encore une saillie carac-téristique à la partie supérieure et antérieure de l'arc au-dessous de l'apophyse épineuse.

Sur le squelette de la jeune baleine du Cap, du Muséum, on peut parfaitement lire cette adjonction d'une expansion transverse soudée au corps et s'articulant avec la côte. Leur séparation se manifeste dès la huitième vertèbre, et dans les premiers segments lombaires on voit bien ce qui reste de l'apophyse transverse. Sur le squelette de l'hyperoodon de Baussard, échoué à Sallennelles en 1842, cette distinction acquiert un degré de netteté qui ne laisse rien à désirer : tant que les côtes sont en connexion avec le corps des vertèbres, il y a bien un élément transverse dé-pendant de l'arc et provenant de l'apophyse transverse ; mais du moment que cet élément transverse devient rudi-mentaire, et c'est évident au niveau de la septième dorsale, on voit apparaître une expansion nouvelle, soudée au corps de la vertèbre et articulée avec la côte dont elle est en quelque sorte le commencement.

Sur le rorqual du Cap, sur le rorqual jubarte, la fusion des deux éléments transverses est analogue à ce qu'on voit chez le dauphin, le marsouin et le narval ; aussi leur sépa-ration est-elle plus délicate à saisir, quoique réelle.

Chez le dugong et le lamentin la simplicité est, à certains égards, encore plus marquée, mais dans beaucoup de parties

accessoires ces animaux sont mélangés des types précédents. L'apophyse transverse ne paraît formée que d'un seul
élément qui disparaît au moment où le thorax cesse, tandis
qu'aux lombes une expansion transverse de l'ordre costal
vient se souder directement au corps de la vertèbre ; il y a
donc chez ces animaux un concours de caractères divergents
qui ne permet pas de les mettre à la tête des cétacés et qui
les classe dans les types mixtes. On remarque chez ces
animaux, aux lombes, une apophyse qui fait saillie en avant
de l'arc comme chez le dauphin ; mais tandis que chez ce
type et ses dérivés directs cette apophyse représente une
portion de l'apophyse transverse des premières dorsales,
au contraire chez le dugong et le lamentin cette apophyse
n'est que le vestige de l'apophyse articulaire antérieure qui
va en s'effaçant de plus en plus vers la queue. Telle est la
dernière transformation que l'on peut vérifier sur ce quatrième type des monodelphes et qui le sépare du cheval et
des ruminants, aussi bien que ceux-ci se séparent du lion
et le lion de l'homme.

Il est bien entendu que ces caractères tirés des parties
les moins modifiables se lient dans chaque type à un ensemble de formes également typiques offertes par la tête,
le cou, le bassin et les appendices, et dont la description ne
pourra être faite que dans une théorie complète sur le
squelette.

Je passe actuellement à la sous-classe des didelphes,
dans laquelle il y a lieu d'admettre, pour le moment, deux
types distincts, dont je vais esquisser les caractères

fondamentaux en me bornant à l'examen de la colonne vertébrale.

Le squelette du kanguroo géant, mieux qu'un autre didelphe, se prête à la description du premier type de cette sous-classe. On trouve d'ailleurs chez ces animaux, sous le rapport statique un ensemble de traits qui les distinguent nettement. Je montrerai en effet que dans le sarigue les caractères fondamentaux, quoique identiques, sont moins faciles à lire. Dans les derniers segments thoraciques, on voit, chez le kanguroo, l'apophyse transverse se partager en deux éléments : l'un conserve la position transverse, l'autre se porte en arrière, de la même manière que l'apophyse postérieure chez le lion. Mais tandis que chez ce dernier l'apophyse transverse fournit une apophyse antérieure qui va surmonter l'apophyse articulaire antérieure, chez le kanguroo cette apophyse antérieure naît directement, sans procéder de l'apophyse transverse. Il en résulte alors chez ces animaux, au premier abord, une apparence générale qui les rapproche du second type des monodelphes; mais en y regardant de plus près, on voit manifestement l'apophyse antérieure surmonter l'articulation antérieure, et se montrer brusquement avec une saillie considérable, sans qu'on puisse la rattacher à autre chose qu'à un phénomène de balancement.

Quant aux deux éléments provenant réellement de l'apophyse transverse, l'un forme, comme je l'ai dit, un processus qui prend exactement la forme et la position de l'apophyse postérieure des féliens, et l'autre reste transverse, ce qui constitue, par rapport au second type, une transformation presque inverse.

Chez le sarigue, ces deux éléments se réunissent de nouveau aux lombes sous forme de lames qui se recouvrent successivement d'avant en arrière. Chez ces animaux, on remarque aussi un mode de connexion particulier pour les fausses côtes; leur tubérosité et leur connexion directe avec l'apophyse transverse disparaissent à partir des six dernières côtes, tandis que chez le kanguroo cette connexion persiste jusqu'à la treizième et dernière côte.

La disposition que je signale ici est le commencement de ce que je vais indiquer chez l'échidné. Dans ce second type, on peut dire qu'il y a absence totale de l'élément transverse, ce qui permet de le séparer encore plus facilement que le précédent. On rencontre en outre dans les parties accessoires de ce type des caractères qui permettent d'analyser les animaux les plus complexes de la première série.

Ces descriptions sont assez précises pour qu'il soit inutile de les résumer; j'y reviendrai d'ailleurs dans mes conclusions générales.

Il ne me reste à présent qu'à faire l'application de ces faits à la classification des mammifères, tout en indiquant leur extension à l'ensemble des vertébrés.

VII

D'après l'exposition précédente, à la fois dogmatique et pratique, on peut prévoir quelle sera la nouvelle classification des mammifères. Cette classification doit résulter nécessairement d'une transaction réciproque entre les doctrines et les observations. Tant que l'analogie, aidée par toutes les ressources de la méthode, nous permettra de rapprocher les animaux les uns des autres par des affinités fondamentales, nous les concevrons comme dérivant d'un type unique; et lorsque cette analogie paraîtra forcée, l'observation, basée sur des caractères anatomiques essentiels, s'aidera d'un type nouveau. De cette manière on pourra, ce me semble, éviter deux défauts très préjudiciables : d'une part, trop de vague dans la conception des principaux animaux dont le caractère est masqué par la théorie de l'unité de composition; d'autre part, le désordre inévitable qui résulte des classifications établies sur des caractères secondaires, et qui font violer la hiérarchie animale, tout en laissant de côté ce qui peut nous révéler la parenté des animaux les plus divergents en apparence.

L'anatomie comparée de tous les systèmes pourra seule conduire à un arrangement définitif des espèces ; je me bornerai ici, d'après cette première étude sur le squelette, à la coordination des principaux groupes ; mais comme le système osseux porte en quelque sorte l'empreinte de tous les autres organes, on comprend que les caractères qu'il fournit doivent avoir une grande portée.

La principale réflexion générale que je crois nécessaire de faire en ce moment se rattache à la difficulté qu'on éprouve dans l'appréciation du véritable degré d'élévation des animaux. Autant il est facile de juger un type, autant il est difficile d'apprécier un animal imparfait, et je crois même qu'il faut concevoir ce défaut d'harmonie dans les êtres, comme la règle. Si nous pouvions lire clairement dans les manifestations des mammifères inférieurs, peut-être aurions-nous souvent le triste spectacle d'une intelligence très mal servie par les organes. Ce genre de monstruosité existe même dans les types ; comment ne se rencontrerait-il pas dans les animaux dégradés ? Sous ce rapport, les anatomistes qui se livrent avec ténacité à l'étude comparée du système nerveux, comme l'a fait Leuret, comme le fait M. Gratiolet, enrichissent la biologie statique des plus précieux documents.

Tant que la notion d'organisme ne sera pas fondée, le

degré d'harmonie des êtres nous échappera et nos classifications laisseront toujours à désirer.

Rien n'est plus facile qu'une classification, si l'on ne tient
compte que de quelques éléments, et l'on peut produire
autant d'arrangements différents qu'il y a d'organes dans
un être, ce qui revient à dire que le seul définitif est celui
qui les pèsera tous. En attendant, la science dévoile chaque
jour quelque affinité nouvelle ou quelque distinction, et
c'est pour m'associer à ce mouvement que je viens apporter ici le résultat de mes recherches. Je me serais pourtant
abstenu de le faire connaître, si je n'avais déjà éprouvé
quelque avantage dans son application à la connaissance
des animaux.

L'exposition de la zoologie, pour avoir dès le début un
grand caractère de netteté, devra commencer par l'étude
des types appartenant à chaque classe. Ces types auront
été déterminés d'après la considération des parties fondamentales du squelette. Je poursuivrai plus tard ce travail
pour les autres vertébrés, et je me borne en ce moment à la
première classe; mais il était important d'indiquer dès à
présent la direction qui me paraît la plus fructueuse pour
l'enseignement, et qui d'ailleurs est de nature à abréger
singulièrement le travail de l'intelligence.

Aujourd'hui que la nécessité des études encyclopédiques
commence à se faire sentir, et qu'on reconnaît l'inutilité de
tout enseignement scientifique borné à l'un des éléments
de la philosophie naturelle, il est important que la biologie
découvre des méthodes d'enseignement qui fassent de l'his-

toire naturelle non plus une collection de faits plus ou moins curieux, mais une partie intégrante des notions vraiment polytechniques, tout en facilitant son enseignement ; à mon sens, la connaissance unique des six types mammalogiques que j'ai déterminés, laisserait dans l'esprit plus de trace que l'étude superficielle de l'ensemble des mammifères dirigée d'après la méthode ordinaire.

Je placerai donc en tête du tableau des mammifères les six types concrets dont la succession horizontale représentera une série linéaire dont les hiatus pourraient à la rigueur être conçus d'une manière abstraite, d'après les cas concrets qui seront déduits de chacun des types, en série verticale. D'ailleurs beaucoup d'animaux dérivés pourraient figurer dans cette série linéaire; mais dans la nécessité où nous place la biologie concrète, il vaut mieux envisager ces hiatus entre les types, comme ne pouvant être comblés que par des conceptions idéales.

Dans la description qu'on fera des types, il faudra même faire ressortir les différences qui les séparent à tous les points de vue, en insistant sur les conditions statiques et sur les formes les mieux réalisées dans le type qu'on étudie ; car, dans les dérivés, ces formes se représenteront avec des nuances moins caractéristiques et souvent mélangées de traits appartenant aux types voisins.

A partir de chaque type, les dérivés seront rangés au-dessous de manière à tenir compte autant que possible des phénomènes sériaux, et ici les travaux de Blainville trouveront leur véritable place. Ils nous permettront de saisir cette parenté réelle des types les plus distincts au moyen des séries intermédiaires dans lesquelles nous verrons les dernières manifestations d'un type prendre les caractères du type suivant, à mesure que la forme primaire se dégrade. Pour figurer jusqu'à un certain point cette tendance de la nature, je n'inscrirai pas ces dérivés sur une même ligne verticale, et du moment que les groupes prendront les caractères du type suivant, je les en rapprocherai, de manière à figurer au bas des séries des sortes d'anastomoses.

Les animaux les plus complexes seront séparés dans une zone intermédiaire aux dérivés les plus simples et aux fossiles. Ces animaux, tels que les tardigrades, les rongeurs, les proboscidiens, ne sont en définitive que des dérivés de l'un des types, pour les parties fondamentales, mélangés des autres types dans les parties secondaires et présentant quelques formes spéciales dans les organes les plus modifiables. C'est au moins ce qui ressort directement de l'étude du squelette.

Le tableau suivant n'étant que la première application de la nouvelle méthode morphologique, pourra subir des changements accessoires ; sa critique ne pourra être faite que par l'adjonction des données fournies par l'étude synthétique des autres systèmes.

Malgré les imperfections inévitables dans ce nouveau genre de coordination, je me décide à le publier pour caractériser en principe la marche qui me paraît désormais la plus rationnelle, soit en morphologie, soit dans l'enseignement de la zoologie. Si l'on voulait représenter par une figure théorique ce nouvel arrangement, on pourrait le faire au moyen d'une série de lignes menées verticalement et qui répondraient chacune, par leur extrémité supérieure, à l'un des types concrets, et dont les extrémités inférieures se bifurqueraient de manière à s'anastomoser en festons. La verticale représenterait la série des dérivés du type, chaque branche de la bifurcation répondrait aux animaux qui, en se dégradant, prennent les caractères du type voisin, et le feston résultant de l'anastomose correspondrait aux types intermédiaires. Peut-être un réseau figurerait-il mieux dans ce point la réalité, mais l'utilité de simplifier une représentation abstraite doit faire rejeter ce mode.

En somme, toutes les études comparatives prouvent que Blainville s'est trompé, tout en ayant cent fois raison. La tendance sériale, qui montre le mieux la parenté des animaux, est le fait le plus saillant de l'anatomie comparée ; il faut seulement le concevoir, au concret, autrement que ne l'a fait l'illustre Blainville, et je crois que la figure et le tableau que je propose sont en harmonie avec l'observation directe, en même temps qu'ils consacrent ce qu'il y a de plus fondamental dans la doctrine.

MAMMI[FÈRES]

CLASSÉS D'APRÈS L'ÉTABLISSE[MENT]
DONT LA DISTINCTION EST BASÉE SUR LES CARACTÈRES

Par L. A. SEGOND.

LÉGENDES.	MONO[...]	
	L'HOMME.	**LE LION.**
Types primaires dont on peut déduire tous les autres mammifères, et formant une série dont les hiatus doivent être conçus d'une manière abstraite.		
Descendants dont la généalogie est encore hypothétique, et qui doivent être rangés et étudiés d'après le degré de parenté anatomique établi au moyen des parties les moins modifiables. Leur alignement, par rapport aux descendants des autres types, indique leur degré de modification par le mélange des caractères appartenant aux types voisins.	Races humaines. Singes anthropomorphes. Chimpanzé. Orang-outang. Gibbon. Gorille. Cynocéphales. Macaques. Semnopithèques. Guenons. Sapajous. Makis. Galéopithèques.	Féliens. Hyéniens. Caniens. Viverriens. Mustéliens. Petits ours. Blaireau. Raton. Kinkajou. Binturong. Ursiens Phoques. Insectivores, Chiroptères.
Animaux mixtes, dérivant de l'un des types par les parties fondamentales, mélangés de plusieurs types dans les parties accessoires, et caractérisés par quelques formes spéciales dans les organes les plus modifiables.	Loris. Myspithèques. Paresseux.	Rongeurs. Édentés.
Animaux fossiles qui, plus tard, prendront place dans la classification. Les didelphes seuls appartiennent à la période jurassique. Les herbivores et les pachydermes abondent dans la période tertiaire, tandis que les carnivores y sont rares. C'est le contraire pour la période diluvienne, dans laquelle les mammifères se rapportent aux genres actuels, avec cette différence que plusieurs espèces qui peuplaient alors l'Europe vivent aujourd'hui dans les autres parties du globe.	Pithecus antiquus. Callithrix primævus. Protopithecus.	Felis spelæa. — antiqua. — megantereon. — quadridentata. Cynodon. Hyænodon. Amphicyon. Arctocyon. Viverra. Mustela. Lutra. Phoc. Erinaceus. Vespertilio. Megatherium. Mylodon. Megalonyx. Scelidotherium Glyptodon.

FÈRES

...ENT DE SIX TYPES CONCRETS,

...ORPHOLOGIQUES DE LA COLONNE VERTÉBRALE,

— Paris, 1862.

...ELPHES.		DIDELPHES.	
LE CHEVAL.	LE DAUPHIN.	LE KANGUROO.	L'ÉCHIDNÉ.
Solipèdes. Caméliens. Élaphiens. Cératophores. Damans. Rhinocéros. Tapirs. Cochons. Hippopotames.	Marsouin. Delphinaptère. Inie. Plataniste. Delphinorhynque. Narval. Physétère. Cachalot. Balænoptèré. Baleine.	Macropodes. Phalangers. Sarigues. Phascolomes.	Échidnidés. Ornithorhynchidés.
...léphants. Dugongs. Lamentins.			
Anchitherium. Hipparion. Sivatherium. Dremotherium. Rhinoceros tichorhinus. — incisivus. — leptorhinus. Palæotherium. Chœropotamus. ...us. Mastodontes. Dinotherium.	Zeuglodon.	Thylacotherium. Phascolotherium. Diprotodon. Nototherium.	

VIII

CONCLUSIONS.

Gœthe envisagea sous son véritable aspect la seconde
partie de l'anatomie générale; il sentit que la connaissance
des lois morphologiques en constituait le fond, et il contri-
bua largement à l'institution d'une méthode par l'établissement d'un certain nombre de principes. Il conçut la
forme comme variable, mais entre certaines limites; il
comprit la loi du balancement des organes; il reconnut
avec netteté la relation qu'il y a entre la similitude des
parties et le degré d'élévation de l'être, et, tout en s'aban-
donnant aux résultats séduisants de l'analogie, il sut se
défier des illusions qu'elle procure et prit le soin de nous
en avertir.

Geoffroy Saint-Hilaire eut le tort de croire que ce qu'il

appelait la philosophie anatomique était quelque chose de distinct de l'anatomie générale; de plus, il confondit la science avec le procédé, et s'imagina longtemps qu'il fondait une partie de l'édifice biologique, tandis que réellement il ne travaillait qu'à l'établissement d'une méthode. Dans la grande quantité d'excellents travaux dus à Geoffroy Saint-Hilaire, la majeure partie est consacrée à la démonstration de la théorie des analogues, qui n'est qu'une méthode; mais pour cela ils n'en sont pas moins estimables, et c'est assez les louer que de reconnaître qu'ils ont changé la face de l'anatomie comparée.

Depuis le commencement du siècle, les doctrines de ces deux savants ont profondément pénétré dans toutes les parties de la biologie, et la théorie des analogues est fixée par le langage dans les productions les plus spéciales; et, ce qui est moins heureux, la plus grande extension de cette doctrine a même trouvé accès dans la pathologie comparée, où, sans qu'on y prenne garde, on cherche par analogie à expliquer les maladies de toute la classe des mammifères d'après ce que l'on sait de mieux pour l'homme, et les observateurs les plus rigoureux, ceux dont la vie a été employée à lutter contre les doctrines, dites imaginaires, par des accumulations prodigieuses de faits, trouvent tout naturel d'appliquer les notions de pathologie humaine aux maladies des oiseaux, et n'éprouveraient aucune répugnance à les étendre à celles des poissons.

L'histoire des sciences ne manque pas de ces exemples :

en parcourant nos traités modernes de physiologie, il n'est pas rare de trouver des blasphèmes contre Bichat dans la même phrase où l'on raisonne commodément et sûrement au moyen de la doctrine capitale sur les propriétés des tissus, par laquelle la science des êtres vivants fut réellement fondée comme élément distinct dans la philosophie naturelle.

Dans la période où l'anatomie philosophique donna lieu à des luttes personnelles, il se produisit une réaction d'autant plus fâcheuse que la science y avait peu de part. Les esprits généraux, malgré l'usurpation provisoire des micrographes, se consacrèrent à l'œuvre de Bichat. Mais depuis que nos anatomistes les plus habiles dans ce genre de recherches, et je suis heureux de citer ici notre collègue M. Ch. Robin, ont senti que tout ce que nous devons à cet instrument doit simplement compléter l'œuvre du fondateur, dont il faut respecter la doctrine, on a vu, pendant que la théorie de la structure s'achevait, les besoins de la morphologie se manifester par un assez grand nombre de travaux. Il y avait donc un intérêt immédiat à se demander aujourd'hui où en est la seconde partie de l'anatomie générale, et c'est un devoir pour tous les travailleurs voués à l'étude de la biologie de concourir à l'établissement de cette partie caractéristique de la théorie anatomique.

On a fait à Cuvier le mérite d'avoir ébauché la troisième partie, qui se lie si directement à l'étude de la paléontologie ; mais on sait aujourd'hui qu'il n'a réellement eu que l'avantage de décrire un grand nombre de fossiles, et, faute de connaître le degré de relativité des différentes parties du squelette des vertébrés, il a commis bien souvent la faute de déduire l'ensemble d'un squelette d'après une pièce osseuse qui pouvait appartenir à plusieurs dérivés d'un même type.

Blainville, bien mieux que lui, a senti, au point de vue anatomique, le vrai caractère de la théorie de l'unité que Bichat a si bien saisie dans ses *Recherches sur la vie et la mort*. Pour la mémoire de ce biologiste, je dois ici transcrire les deux passages suivants de son *Ostéographie :* « Une facette, un fragment d'os, un os même tout entier est bien loin de suffire pour reconnaître l'animal auquel il a appartenu, et à fortiori son squelette. » Cette réflexion lui est suscitée par l'examen critique des ossements fossiles attribués au genre *Phoca ;* il la reproduit à propos du genre *Tapirus :* « On pourra conclure encore une fois de l'étude des restes d'animaux de ce genre, qu'un seul os, et, à plus forte raison, une seule facette d'os, est bien loin de suffire pour juger d'un animal, comme M. G. Cuvier s'en était flatté, et l'avait dit pour la première fois dans son mémoire sur les ossements fossiles de ce genre, puisque les deux espèces de mammifères à l'occasion desquelles M. Cuvier s'était ainsi avancé, en les considérant comme des espèces de tapirs, se sont trouvées appartenir, surtout l'une, à des genres qui en sont très différents. » L'étude consciencieuse des ossements fossiles prouve que d'autres que Cuvier ont commis les mêmes erreurs, et nous sentons aujourd'hui comme Blainville qu'il faut étudier dans chaque système d'organes la loi de solidarité entre les formes. Quand la morphologie, puissamment aidée par les principes de la philosophie anatomique, et bien renseignée par l'observation sur la limite des variations des organes les uns par rapport aux autres, aura déterminé rigoureusement les lois de la modification dans la forme, le nombre, la connexion, la situation, le rapport, nous pourrons alors concevoir de quelle manière un organisme peut se déduire de l'une de ses parties.

En attendant, il fallait à un certain degré saisir le lien des manifestations zoologiques, car elles offrent par la comparaison le procédé le plus fécond de la biologie, et c'est au milieu de ces variations que l'on peut le mieux découvrir les lois morphologiques. J'ai donc essayé, dans l'état actuel de la science, l'établissement d'une classification qui tînt compte des faits et des doctrines.

L'analogie, nous l'avons reconnu avec Gœthe, mène à l'amorphe; d'un autre côté, les animaux présentés par petits groupes, dans un ordre presque indifférent, laissent indéfiniment de côté les relations de parenté qu'il nous importe de découvrir, afin de suivre les modifications de tout genre sur une ligne aussi étendue que possible. Entre ces deux inconvénients, il fallait d'abord consacrer les phénomènes sériaux bien développés par Blainville, et les adapter non plus à une série, mais aux dérivés d'un certain nombre de types distincts. Ces types, il fallait d'abord les instituer d'après la méthode subjective, et en tenant compte des conditions les plus parfaites de l'équilibre et du mouvement. Mais une fois établis par induction, il fallait en donner la démonstration anatomique. Appliquant alors à ce sujet les règles de la méthode, j'ai choisi d'abord le système d'organes qui se prêtait le mieux à la caractéristique des types et de leurs dérivés, puis j'ai étudié dans ce système ce qu'il y a de plus absolu. Cette recherche poursuivie avec la rigueur scientifique m'a permis de distinguer les types au moyen des caractères anatomiques, aussi nettement que je l'avais fait d'après la marche spontanée. Ces types une fois démontrés, j'ai figuré dans un tableau la manière dont on peut concevoir les animaux par rapport à eux. Sans rien préjuger sur les questions généalogiques qui doivent être examinées avec une profonde impartialité, et d'après des analyses rigoureuses dans lesquelles les esprits vraiment scientifiques doivent bien se garder de chercher des témoignages favorables ou contraires à tel ou tel dogme; la science n'est compatible qu'avec le dogme *positiviste*, dans lequel on élimine radicalement toute intervention surnaturelle.

J'ai expliqué comment la classification que je propose est nécessairement imparfaite; mais je la fais connaître, dans la persuasion qu'elle présente des avantages sur celles que possède la science, étant d'ailleurs tout prêt à accepter celle qui, mieux que la mienne, permettra d'étudier les modifications des parties homologues. Quant aux facilités qu'elle offre pour l'enseignement de la zoologie, je les crois moins contestables; les personnes qui voudront

en faire l'épreuve seront frappées de ses résultats, et chacun peut les concevoir.

C'est dans les animaux les mieux doués que les caractères
zoologiques acquièrent le plus d'intensité; si au fond les
animaux imparfaits les plus nombreux ne sont que des modifications de ces types, leur analyse deviendra extrêmement
simple : aussi je ne crains pas de dire que l'étude préliminaire
des mammifères pourrait à la rigueur se réduire à
l'anatomie des six types que j'ai institués ; car ce que l'on
peut trouver de nouveau ensuite porte sur des organes si
relatifs, que la notion biologique de cette classe n'en reste-
rait pas moins parfaite, ainsi réduite à l'étude des six
mammifères placés en tête de mon tableau. Cette innovation pourrait aussi permettre de simplifier les collections
d'animaux, et de les adopter dans beaucoup de maisons
d'enseignement où l'on recule devant l'obligation de se
procurer une très grande quantité d'individus : car il suffi-
rait, à la rigueur, de faire connaître aux étudiants les types
de chaque classe ; et comme le système osseux sert de base
à l'exposition d'un grand nombre de sujets, il serait extrêmement facile, avec un petit nombre de squelettes, de préciser les éléments de la biologie, qui, de plus en plus,
pénétrera dans l'éducation générale, au même titre que les
autres sciences, car elle établit une relation intime entre
les études cosmologiques et la sociologie.

Je termine ce mémoire en priant M. Gratiolet et M. Rousseau d'agréer mes remercîments publics pour les facilités

extraordinaires et très flatteuses qu'ils m'ont procurées au Muséum dans l'étude des collections qui sont sous la direction de M. Serres et de M. de Quatrefages.

Je dois reconnaître également les services précieux que m'a rendus M. Vasseur, préparateur de pièces anatomiques de l'école de médecine : cet artiste habile sert les savants par des préparations intelligentes, et met généreusement à leur disposition tous les matériaux dont il peut disposer.

FIN

TABLE DES MATIÈRES

FIN DE LA TABLE DES MATIÈRES